新一代信息技术系列教材

基于新信息技术的 Photoshop 基础与案例教程

（第二版）

主　编　钟雅瑾　马　庆　李华强

副主编　李晨子　谢　湘　李　建

　　　　易兰英　吴小平

主　审　左国才

西安电子科技大学出版社

内 容 简 介

本书分别从基础入门、图像基础操作、图像修饰技术、选区、颜色填充与图像绘制、路径绘制与编辑、图层应用、色彩与色调调整、蒙版与通道、文字工具、滤镜的应用和操作等方面详细介绍了 Photoshop 的使用方法，内容丰富，可使读者全方位地了解和掌握 Photoshop 各个方面的知识点；最后通过平面相册设计、静态网页设计两个综合案例，将所讲述的知识融会贯通，巩固提高，从而加深读者对知识的理解和记忆。

本书可作为高职高专院校计算机相关专业教材，也可作为平面设计人员与电脑爱好者的参考用书。

图书在版编目(CIP)数据

基于新信息技术的 Photoshop 基础与案例教程 / 钟雅瑾，马庆，李华强主编. --2 版. --西安：西安电子科技大学出版社，2023.7
ISBN 978-7-5606-6547-4

Ⅰ. ①基…　Ⅱ. ①钟…　②马…　③李…　Ⅲ. ①图像处理软件　Ⅳ. ①TP391.413

中国国家版本馆 CIP 数据核字(2023)第 116558 号

策　　划　杨丕勇
责任编辑　杨丕勇
出版发行　西安电子科技大学出版社(西安市太白南路 2 号)
电　　话　(029)88202421　88201467　　　　邮　　编　710071
网　　址　www.xduph.com　　　　　电子邮箱　xdupfxb001@163.com
经　　销　新华书店
印刷单位　陕西天意印务有限责任公司
版　　次　2023 年 7 月第 2 版　　2023 年 7 月第 1 次印刷
开　　本　787 毫米×1092 毫米　1/16　印　张　14
字　　数　327 千字
印　　数　1～3000 册
定　　价　42.00 元
ISBN 978-7-5606-6547-4 / TP
XDUP 6849002-1
如有印装问题可调换

前　言

Photoshop 是 Adobe 公司旗下最为出名的图像处理软件之一，它是一款集图像扫描、编辑修改、动画制作、图像制作、广告创意、图像输入与输出于一体的专业图形图像处理软件，其强大的功能，为图像处理和制作带来极大的方便，能有效地帮助设计师进行方便、快捷的创作，还可以应用于数码照片的后期处理及平面设计、特效等众多领域。

本书结合编者多年的教学经验和学生的实际情况编写而成。书中将知识点融入具体的案例中，学生可以在做中学、学中练，在具体的操作中领悟、掌握理论知识，熟悉操作要领，快速地驾驭软件，最终达到熟练使用软件进行创作的目的。

本书内容丰富，讲解细致，分别从 Photoshop 基础入门、图像基础操作、图像修饰技术、选区、颜色填充与图像绘制、路径绘制与编辑、图层应用、色彩与色调调整、蒙版与通道、文字工具、滤镜的应用和操作等方面进行了详细讲解，使学生全方位地了解和掌握 Photoshop 各个方面的知识点；最后一章给出了平面相册设计、静态网页设计两个综合案例，让学生将前面所学的知识融会贯通、巩固提高，从而加深对知识的理解和记忆。

本书特点如下：

- 针对性强，围绕培养学生的职业技能这条主线来设计教材的结构、内容和形式。
- 实用性强，案例丰富，内容具体详细，与工作情境紧密结合。
- 强调知识的渐进性，兼顾知识的系统性，符合高职学生的学习特点和认知规律。
- 内容紧随技术的发展而更新，及时将新知识、新技术、新工艺、新案例等引入进来。

本书内容实用，教与学形式轻松，实例精彩，可操作性强，较好地做到了理论与实践的统一、内容与形式的一致。

本书可作为高职高专院校计算机相关专业教材，也可作为平面设计人员与电脑爱好者的参考用书。

本书配套的所有素材文件，读者可在出版社网站自行下载。

由于编者水平有限，本书在操作步骤、效果及文字表述方面可能还存在着一些不尽如人意之处，希望广大老师和同学们多提宝贵意见，欢迎批评指正。

编　者

2023 年 3 月

目　　录

第一章　图像处理基础知识与 Photoshop 概述

重点、难点分析

重点：

- 图像处理基础知识
- Photoshop 概述与应用领域
- Photoshop CS6 界面和基本工具介绍
- Photoshop 与其他平面设计软件的区别与结合

难点：

- Photoshop 与其他平面设计软件的区别与结合

难度：★★

技能目标

- 了解 Photoshop 基础知识与现有版本
- 了解 Photoshop 应用领域与主要功能特色
- 掌握位图与矢量图的区别与联系

德育目标

- 培养积极主动交往、善于展示自己的健康心态

1.1　图像处理基础知识

1.1.1　像素与分辨率

1. 像素

"像素"(Pixel)是由图像(Picture)和元素(Element)这两个单词组合而成的。如同摄影的照片一样，数码影像也具有连续的浓淡色调，若把数码影像放大数倍，会发现这些连续色调其实是由许多色彩相近的小方点组成的，这些小方点就是构成影像的最小单位——像素。这种最小的图形单元在屏幕上显示为单个的染色点。像素越多，其拥有的色板也就越丰富，所表达的颜色越真实。

2. 分辨率

分辨率指一个图像文件中所包含的细节和信息的丰富程度，以及输入、输出或显示设备能够产生的细节程度，可以从显示分辨率与图像分辨率两个方向来分类。

显示分辨率(屏幕分辨率)是指显示器所能显示的像素的多少。由于屏幕上的点、线和面都是由像素组成的，显示器可显示的像素越多，画面就越精细，同样的屏幕区域内能显示的信息也越多，因此分辨率是个非常重要的性能指标。可以把整个图像想像成一个大型的棋盘，而分辨率的表示方式就是所有经线和纬线交叉点的数目。在显示分辨率固定的情况下，显示屏越小图像越清晰；反之，显示屏大小固定时，显示分辨率越高图像越清晰。

图像分辨率指单位英寸中所包含的像素点数，其定义更趋近于分辨率本身的定义。

1.1.2 位图与矢量图

1. 位图

位图图像(Bitmap)亦称为点阵图像或绘制图像，是由像素点组成的。这些点可以进行不同的排列和染色以构成图样。当放大位图时，可以看见构成整个图像的无数个小方块。扩大位图尺寸的效果是增大了单个像素，从而使线条和形状显得参差不齐。然而，如果从稍远的位置观看它，位图图像的颜色和形状又显得是连续的，如图 1-1-1 所示。

常用的位图处理软件有 Photoshop 和 Windows 系统自带的画图。

图 1-1-1　不同放大级别的位图图像示例

2. 矢量图

矢量图又叫向量图，是用一系列计算机指令和数据来描述和记录图形、图像的文件格式。一个矢量图可以理解为一系列由点、线、面等组成的子图，它记录的是对象的几何形状、线条粗细和色彩等。矢量图只能靠软件生成，文件占用空间较小。由于这种类型的图像文件包含独立的分离图像，因此可以自由无限制地重新组合。矢量图与分辨率无关，它的特点是放大后图像不会失真，适用于图形设计、文字设计和一些标志设计、版式设计等，如图 1-1-2 所示。

图 1-1-2　不同放大级别的矢量图示例

常见的矢量图处理软件有 Flash、CorelDRAW、AutoCAD、Illustrator 和 FreeHand 等。

1.1.3 图像的颜色模式

1. RGB 颜色模式

RGB 颜色模式(简称 RGB 模式)是 Photoshop 中最常用的模式，也被称为真彩色模式。在 RGB 模式下图像的显示质量最高，因此 RGB 模式成为 Photoshop 的默认模式，并且 Photoshop 中的许多效果都需在 RGB 模式下才可以生效。RGB 模式主要由 R(红)、G(绿)、B(蓝)3 种基本色相加进行配色，并组成了红、绿、蓝 3 种颜色通道，每个颜色通道包含了 8 位颜色信息，因此这 3 个通道可以组合产生超过 1658 万种不同的颜色。在打印图像时，不能直接打印 RGB 模式的图像，而要将 RGB 模式下的图像转换为 CMYK 模式。转换过程中可能会出现丢色或偏色现象。

2. HSB 颜色模式

HSB 颜色模式(简称 HSB 模式)的建立主要是基于人类感觉颜色的方式。人的眼睛并不能够分辨出 RGB 模式中各基色所占的比例，而只能够分辨出颜色种类、饱和度和强度。HSB 模式就是依照人眼的这种特征，形成了人类可以直接用眼睛就能分辨出来的直观的描述方法。在 HSB 颜色模式中，颜色由色相(Hue)、饱和度(Saturation)、明亮度(Brightness)组成。这 3 个构成要素描述了不同的意义。色相指的是由不同波长给出的不同颜色的特征，如红色和绿色具有不同的色相值；饱和度指颜色的深浅，即单个色素的相对纯度，如红色可以分为深红、洋红、浅红等；明亮度用来表示颜色的强度，它描述的是物体反射光线的数量与吸收光线数量的比值。

在这里我们需要注意的一点是，HSB 模式是通过 0～360°的角度来表示的，并不是我们所理解的要用百分比来表示，就像是一个带有颜色的大转盘，每转动一点，其颜色就根据这个圆周角度进行一定规律的变化。

3. CMYK 颜色模式

CMYK 颜色模式(简称 CMYK 模式)是一种常用的颜色模式，当对图像进行印刷时，必须将它的颜色模式转换为 CMYK 模式，因此此模式主要应用于工业印刷方面。CMYK 模式主要是由 C(青)、M(洋红)、Y(黄)、K(黑)4 种颜色相减而配色的。因此它也组成了青、洋红、黄、黑 4 个通道，每个通道混合而构成了多种色彩。值得注意的是，在印刷时如果包含这 4 色的纯色，则必须为 100%的纯色。例如，黑色如果在印刷时不设置为纯黑，则在印刷胶片时不会发送成功，即图像无法印刷。由于在 CMYK 模式下 Photoshop 的许多滤镜效果无法使用，所以一般在操作 Photoshop 时使用 RGB 模式，在即将进行印刷时才转换成 CMYK 模式，这时的颜色可能会发生一些改变。

4. 灰度模式

灰度模式下的图像只有灰度，而没有其他颜色。每个像素都以 8 位或 16 位颜色表示。如果将彩色图像转换成灰度图像，所有的颜色都将被不同的灰度所代替。

5. 位图模式

位图模式是用黑色和白色来表现图像的，不包含灰度和其他颜色，因此位图也被称为黑白图像。如果要将一幅图像转换成位图，应首先选择灰度模式。

6. 双色调模式

前面提过，在印刷时都要用到 CMYK 模式，即四色模式，但有时图像中只包含两种色彩及其所搭配的颜色，因此为了节约成本，可以使用双色调模式。

7. Lab 颜色模式

Lab 颜色模式是 Photoshop 的内置模式，也是所有模式中色彩范围最广的一种模式，在进行 RGB 与 CMYK 模式转换时，系统内部会先转换成 Lab 模式，再转换成 CMYK 模式。一般情况下，很少用到 Lab 颜色模式。Lab 模式是以 L(亮度)、a(由绿到红)、b(由蓝到黄)3 个通道构成的。其中 a 和 b 的取值范围都是 $-120\sim120$。如果将一幅 RGB 颜色模式的图像转换成 Lab 颜色模式的图像，大体上不会有太大的变化，但 Lab 模式会比 RGB 模式颜色更清晰。

8. 多通道模式

当在 RGB、CMYK、Lab 颜色模式的图像中删除了某一个颜色通道时，该图像就会转换为多通道模式。一般情况下，多通道模式用于处理特殊打印。它的每个通道都为 256 级灰度通道。

9. 索引颜色模式

索引颜色模式主要用于多媒体动画以及网页设计。它主要是通过一个颜色表存放其所有的颜色，当使用者在查找一个颜色时，如果颜色表里面没有，那么程序会自动为其选出一个接近的颜色或者模拟此颜色，不过需要提及的一点是它只支持单通道图像(8 位/像素)。

Photoshop 中的拾色器允许使用者在一个界面上同时看到四种颜色模式的颜色值，它们所代表的是每一种颜色都有四种表达方式，只要其中任意模式的颜色值有修改，其颜色的创建都会受到影响。

1.1.4　图像的文件格式

图像的文件格式是指计算机中存储图像文件的方式与压缩方法。不同的图像处理软件有各自的内部格式，如"PSD"是 Photoshop 本身的格式。由于内部格式带有此种软件的特定信息，如图层与通道等，因此其他图像处理软件一般无法打开它。在存储图片的时候要针对不同的程序和使用目的来选择所需要的格式。

下面介绍几种常用的图像文件格式及其特点。

1. PSD 格式

PSD 格式是 Photoshop 特有的图像文件格式，支持 Photoshop 中所有的颜色模式。PSD 文件其实是 Photoshop 进行平面设计的一张"草稿图"，它里面包含各种图层、通道、路径等多种设计的样稿，以便下次打开文件时可以修改上一次的设计。而且在 Photoshop 所支持的各种图像格式中，PSD 的存取速度比其他格式快很多。因此，在编辑图像的过程中，通常将文件保存为 PSD 格式，以便快速读取图像中的图层和通道等信息。

另外，用 PSD 格式保存图像时，图像没有经过压缩，所以，当图层较多时，会占用很大的硬盘空间。图像制作完成后，除了将其保存为通用的格式外，最好再存储一个 PSD 格式的文件备份，直到确认不需要在 Photoshop 中再次编辑该图像时再删除 PSD 文件。

2. BMP 格式

BMP 是 Bitmap(位图)的简写，它是 Windows 操作系统中的标准图像文件格式，多种 Windows 应用程序都支持该格式。随着 Windows 操作系统的流行与 Windows 应用程序的大量开发，BMP 格式理所当然地被广泛应用。BMP 格式支持 RGB、索引色、灰度和位图颜色模式，但不支持 Alpha 通道。彩色图像存储为 BMP 格式时，每一个像素所占的位数可以是 1 位、4 位、8 位或者 32 位，相对应的颜色数也是从黑白一直到真彩色。

BMP 格式的特点是包含的图像信息较丰富，几乎不进行压缩，但由此导致了它与生俱来的缺点——占用磁盘空间过大。

3. JPEG 格式

JPEG 格式是一种较常用的有损压缩方案，常用来批量压缩和存储图片(压缩比达 20 倍)。它在用有损压缩方式去除冗余的图像和彩色数据，取得极高的压缩率的同时又能展现出十分丰富生动的图像，换句话说，就是可以用最少的磁盘空间得到较好的图像质量。由于 JPEG 格式的压缩算法是采用平衡像素之间的亮度色彩来压缩的，因而更有利于表现带有渐变色彩且没有清晰轮廓的图像。同时 JPEG 还是一种很灵活的格式，具有调节图像质量的功能，允许用户使用不同的压缩比例对这种文件进行压缩。

由于 JPEG 优异的品质和杰出的表现，它的应用也非常广泛，特别是在网络和光盘读物上。目前各类浏览器均支持 JPEG 图像格式。JPEG 格式的文件尺寸较小，下载速度快，使得包含大量 JPEG 格式图像的 Web 页有可能以较短的下载时间提供大量美观的图像，因此 JPEG 也就顺理成章地成为网络上最受欢迎的图像格式。

将图像格式保存为 JPEG 格式时，可以指明图像的品质和压缩级别。Photoshop CS6 中设置了 12 个压缩级别，在"品质"文本框中输入数值或拖动下方的滑块可以改变图像的品质和压缩程度。参数设置为 12 时，图像的品质最佳，但压缩量最小，如图 1-1-3 所示。

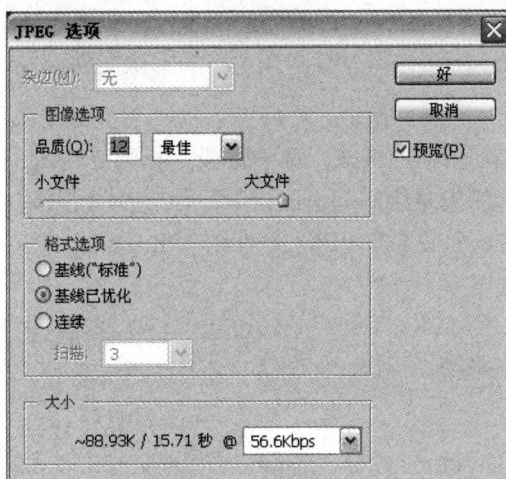

图 1-1-3　JPEG 选项

尽管 JPEG 是一种主流格式，但压缩后的图像颜色品质较低，所以在计算机制版工艺中，要求输出高质量图像时一般不使用 JPEG 而选择 EPS 格式或 TIFF 格式，特别是在以 JPEG 格式进行图像编辑时，不要经常进行保存操作。

4. TIFF 格式

TIFF 图像格式的英文全称是"Tagged Image File Format"，是一种可压缩的图像格式，其应用非常广泛，几乎被所有绘画、图像编辑和页面排版应用程序所支持。TIFF 格式由 Aldus 和微软联合开发，最初是为跨平台存储扫描图像的需要而设计的。它的特点是图像格式复杂，存储信息多，图像质量高，非常适用于原稿的复制。

TIFF 格式常常用于在应用程序之间和计算机平台之间交换文件，它支持带 Alpha 通道的 CMYK、RGB 和灰度颜色模式，支持不带 Alpha 通道的 Lab、索引颜色和位图颜色模式，支持 LZW 压缩。

在将图像保存为 TIFF 格式时，通常可以选择保存为 IBM PC 兼容计算机可读的格式或者 Macintosh 计算机可读的格式，并且可以指定压缩算法。其中 LZW 压缩方式不会降低图像的品质，被称为"无损压缩"。但并非所有软件及输出设备都能够支持这种压缩方式，因此选用的时候必须要小心。

5. GIF 格式

GIF 是英文 Graphics Interchange Format(图形交换格式)的缩写。GIF 格式的特点是压缩比高，磁盘空间占用较少，所以这种图像格式迅速得到了广泛的应用。随着技术的发展，GIF 可以同时存储若干幅静止图像进而形成连续的动画，成为当时为数不多的支持 2D 动画的格式之一(称为 GIF89a)。在 GIF89a 图像中可指定透明区域，使图像具有非同一般的显示效果。目前 Internet 上大量的彩色动画文件都是这种格式的文件。

此外，考虑到网络传输的实际情况，GIF 图像格式还增加了渐显方式，也就是说，在图像传输过程中，用户可以先看到图像的大致轮廓，然后随着传输过程的继续而逐步看清图像中的细节部分，从而适应了用户"从朦胧到清晰"的观赏心理。

GIF 格式只能保存最大 8 位色深的数码图像，所以它最多只能用 256 色来表现物体，对于色彩复杂的物体它就力不从心了。尽管如此，这种格式仍在网络上广泛应用，这和 GIF 图像文件小、下载速度快、可用许多具有同样大小的图像文件组成动画等优势是分不开的。

6. EPS 格式

EPS 格式是 PostScript 所用的格式，用于排版、打印等输出工作。EPS 格式可以用于存储矢量图形，几乎所有的矢量绘制和页面排版软件都支持该格式。在 Photoshop 中打开其他应用程序创建的包含矢量图形的 EPS 文件时，Photoshop 会对此文件进行栅格化，将矢量图形转换为位图图像。

EPS 格式支持 Lab、CMYK、RGB、索引颜色、灰度和位图色彩模式，不支持 Alpha 通道，但该格式支持剪贴路径。

7. DCS 格式

DCS 的英文全名是"Desktop Color Separation"，属于 EPS 格式的一种扩展，在 Photoshop 中可以将文件存储为这种格式。图像文件存储为 DCS 格式后，会有 5 个文件输出，包含 CMYK 各版以及用于预览的 72dpi 图像文件，即所谓"Master file"。

DCS 格式最大的优点是输出比较快，因为图像文件已分成四色的文件，在输出分色菲林时，图像输出时间最高可缩短 75%，所以适合于大图像的分色输出。

DCS 的另一个优点是制作速度比较快。其实 DCS 格式借用了 OPI(Open Prepress

Interface)工作流程的概念。OPI 工作流程是指制作时会置入低解析度的图像，到输出时才连接高解析度图像，这样便可令制作速度加快。这种工作流程概念尤其适合一些多图像的书刊或大尺寸包装盒的制作。

常用的图像处理软件都支持 DCS 格式。由于 5 个文件才合成一个图像，所以要注意 5 个文件的名称一定要一致，只是在原名称之后加 C、M、Y、K 标记，不能改动任何一个文件的名称。

8. PCX 格式

PCX 格式是 ZSOFT 公司在开发图像处理软件 Paintbrush 时开发的一种格式。它是经过压缩的格式，占用磁盘空间较少。由于该格式出现的时间较长，并且具有压缩及全彩色的能力，所以 PCX 格式现在仍十分流行。

9. PNG 格式

PNG 格式是 20 世纪 90 年代中期开始开发的图像文件存储格式，其目的是替代 GIF 和 TIFF 文件格式，同时增加一些 GIF 文件格式所不具备的特性。用 PNG 格式存储灰度图像时，灰度图像的深度可多达 16 位；存储彩色图像时，彩色图像的深度可多达 48 位；并且还可存储多达 16 位的 Alpha 通道数据。PNG 使用从 LZ77 派生的无损数据压缩算法。

PNG 是目前最不失真的格式，它汲取了 GIF 和 JPEG 二者的优点，存储形式丰富，兼有 GIF 和 JPEG 的色彩模式；它的另一个特点是能把图像文件压缩到极限以利于网络传输，但又能保留所有与图像品质有关的信息，因为 PNG 是采用无损压缩方式来减少文件大小的，这一点与牺牲图像品质以换取高压缩率的 JPEG 有所不同；它的第三个特点是显示速度很快，只需下载 1/64 的图像信息就可以显示出低分辨率的预览图像；第四，PNG 同样支持透明图像的制作，透明图像在制作网页图像的时候很有用，可以把图像背景设为透明，用网页本身的颜色信息来代替透明部分，这样可让图像和网页背景和谐地融合在一起。

PNG 的缺点是不支持动画效果，如果在这方面能有所加强，它就可以完全替代 GIF 和 JPEG 了。Macromedia 公司的 Fireworks 软件的默认格式就是 PNG。现在，越来越多的软件开始支持这一格式，其在网络上也越来越流行。

1.2 Photoshop 概述

1.2.1 概述

Photoshop 广泛应用于桌面出版印刷设计，诸如广告，书籍装帧，图片、照片效果制作，以及对在其他软件中制作的图片做后期效果加工，当然也应用于网页及网页中的图像文件的设计。

Adobe 公司成立于 1982 年，是美国最大的个人电脑软件公司之一。经过创始人 Thomas 和其他 Adobe 工程师的努力，Photoshop 版本 1.0.7 于 1990 年 2 月正式发行。第一个版本只有一个 800 KB 的软盘(Mac)。

在 20 世纪 90 年代初美国的印刷工业发生了比较大的变化，印前(Pre-Press)电脑化开始普及。Photoshop 在版本 2.0 中增加的 CYMK 功能使得印刷厂开始把分色任务交给用户，一个新的行业——桌上印刷(Desktop Publishing，DTP)由此产生。

Photoshop 2.0 新功能包括支持 Adobe 的矢量编辑软件 Illustrator、Duotones 以及 Pen tool(笔工具)。最低内存需求从 2 MB 增加到 4 MB，这对提高软件稳定性有非常大的影响。从这个版本开始，Adobe 内部开始使用代号，2.0 的代号是 Fast Eddy，在 1991 年 6 月正式发行。

对下一个版本，Adobe 决定开发支持 Windows 的版本，代号为 Brimstone，而 Mac 版本为 Merlin。奇怪的是正式版本编号为 2.5，这和普通软件发行序号的常规编号方式不同，因为小数点后的数字通常留给修改升级。这个版本增加了 Palettes 和 16 位文件支持。2.5 版本主要特性通常被公认为支持 Windows。

此时 Photoshop 在 Mac 版本的主要竞争对手是 Fractal Design 的 ColorStudio，而在 Windows 上则是 Aldus 的 PhotoStyler。Photoshop 从一开始就远远超过 ColorStudio，而 Windows 版本则需经过一段时间改进后才能赶上对手。

Photoshop 3.0 的重要新功能是新增了 Layer 的概念。Mac 版本在 1994 年 9 月发行，而 Windows 版本在 11 月发行。尽管当时有另外一个软件 Live Picture 也支持 Layer 概念，而且业界当时也有传言 Photoshop 工程师抄袭了 Live Picture 的概念，但实际上 Thomas 很早就开始研究 Layer 的概念了。

Photoshop 4.0 主要改进的是用户界面。Adobe 在此时决定把 Photoshop 的用户界面和其他 Adobe 产品统一化，此外程序使用流程也有所改变。一些老用户对此有抵触，甚至一些用户到在线网站上去抗议。但经过一段时间的使用以后，他们还是接受了新改变。

Adobe 这时意识到 Photoshop 的重要性，他们决定把 Photoshop 的版权全部买断。

Photoshop 5.0 引入了 History(历史)的概念，这和一般的 Undo 不同，在当时引起业界的欢呼。色彩管理也是 5.0 的一个新功能，尽管当时引起一些争议，此后被证明这是 Photoshop 历史上的一个重大改进。5.0 版本于 1998 年 5 月正式发行。一年之后 Adobe 又一次发行了 X.5 版本，这次是版本 5.5，主要增加了支持 Web 功能和包含 Image Ready 2.0。

在 2000 年 9 月发行的 Photoshop 6.0 主要改进了与其他 Adobe 工具进行交互使用的流畅度，但真正的重大改进要等到 7.0 版本，这是 2002 年 3 月的事件。

在此之前，Photoshop 处理的图片绝大部分还是来自于扫描，实际上 Photoshop 的大部分功能基本与从 90 年代末开始流行的数码相机没有什么关系。Photoshop 7.0 增加了 Healing Brush 等图片修改工具，还有一些基本的数码相机功能，如查看 EXIF 数据、文件浏览器等。

Photoshop 在享受了巨大商业成功之后，在 21 世纪初才开始感到威胁，特别是专门处理数码相机原始文件的软件，包括各厂家提供的软件和其他竞争对手如 Phase One(Capture One)。已经退居二线的 Thomas Knoll 亲自负责带领一个小组开发了 PS RAW(7.0)插件。

在其后的发展历程中，Photoshop 8.0 的官方版本号更改为 CS，9.0 的版本号变成了 CS 2，10.0 的版本号变成 CS 3。

CS 是 Adobe Creative Suite 一套软件中后面 2 个单词的缩写，代表 "创作集合"，是一个统一的设计环境，将全新版本的 Adobe Photoshop CS2、Illustrator CS2、InDesign CS2、GoLive&regCS2 和 Acrobat 7.0 Professional 软件与新的 Version Cue CS2、Adobe Bridge 和 Adobe Stock Photos 相结合。

Adobe Photoshop CS6 号称是 Adobe 公司历史上最大规模的一次产品升级。它是一个集图像扫描、编辑修改、图像制作、广告创意、图像输入与输出于一体的图形图像处理软件，深受广大平面设计人员和电脑美术爱好者的喜爱。其特征如下：

(1) 内容识别修补；

(2) Mercury 图形引擎；

(3) 3D 性能提升；

(4) 3D 控制功能；

(5) 全新和改良的设计工具；

(6) 全新的 Blur Gallery；

(7) 全新的裁剪工具。

1.2.2 Photoshop 应用领域

Photoshop 的应用领域大致包括：数码照片处理、广告摄影、视觉创意、平面设计、艺术文字、建筑效果图后期修饰及网页制作等。下面将分别对其进行详细介绍。

1. 数码照片处理

在 Photoshop 中，可以进行各种数码照片的合成、修复和上色操作，如为数码照片更换背景，为人物更换发型、去除斑点，数码照片的偏色校正等。Photoshop 同时也是婚纱影楼设计师们的得力助手，数码照片处理示意如图 1-2-1 所示。

图 1-2-1 数码照片处理

2. 广告摄影

广告摄影作为一种对视觉要求非常严格的工作，要用最简洁的图像和文字给人以最强烈的视觉冲击，其最终作品往往要经过 Photoshop 的艺术处理才能得到满意的效果，如图 1-2-2 所示。

图 1-2-2　广告摄影

3. 视觉创意

视觉创意是 Photoshop 的特长，通过 Photoshop 的艺术处理可以将原本不相干的图像组合在一起，也可以发挥想象自行设计富有新意的作品，利用色彩效果等在视觉上表现全新的创意，如图 1-2-3 所示。

图 1-2-3　视觉创意

4. 平面设计

平面设计是 Photoshop 应用最为广泛的领域，无论是图书封面，还是招贴、海报，这些具有丰富图像的平面印刷品基本上都需要使用 Photoshop 软件对图像进行处理，如图 1-2-4 所示。

图 1-2-4　平面设计

5．艺术文字

普通的艺术文字经过 Photoshop 的艺术处理，就会变得精美绝伦。利用 Photoshop 可以使文字发生各种各样的变化，并且这些经过艺术处理后的文字也可以为图像增加效果，如图 1-2-5 所示。

图 1-2-5　艺术文字

6．建筑效果图后期修饰

当制作的建筑效果图中包括许多三维场景时，通常需要使用 Photoshop 对人物与场景的颜色进行调整，如图 1-2-6 所示。

图 1-2-6　建筑效果图

7. 网页制作

网络的迅速普及是促使更多的人学习和掌握 Photoshop 的一个重要原因。因为在制作网页时 Photoshop 是必不可少的网页图像处理软件，而且发挥的作用越来越大，如图 1-2-7 所示。

图 1-2-7　网页制作效果图

1.2.3　Photoshop 基本功能

从功能上看，Photoshop 可分为图像编辑、图像合成、校色调色及特效制作等。

图像编辑是图像处理的基础，可以对图像做各种变换，如放大、缩小、旋转、倾斜、镜像、透视等，也可进行复制、去除斑点、修补、修饰图像的残损等。这在婚纱摄影、人像处理制作中有非常大的用处，可去除人像上不满意的部分，进行美化加工，得到令人满意的效果。

图像合成则是将几幅图像通过图层操作、工具应用合成完整的、传达明确意义的图像，这是美术设计的必经之路。Photoshop 提供的绘图工具让原始图像与创意很好地融合，甚至做到天衣无缝。

校色调色是 Photoshop 深具威力的功能之一，可方便快捷地对图像的颜色进行明暗、色偏的调整和校正，也可在不同颜色间进行切换以满足图像在不同领域如网页设计、印刷、多媒体等方面的应用。

特效制作在 Photoshop 中主要由滤镜、通道及工具综合应用完成。图像的特效创意和特效字的制作，如油画、浮雕、石膏画、素描等常用的传统美术技巧都可藉由 Photoshop 特效完成。而各种特效字的制作更是很多美术设计师热衷研究 Photoshop 的原因。

1.3 Photoshop CS6 界面和基本工具介绍

1.3.1 Photoshop CS6 基本编辑方法

1. Photoshop CS6 的启动与退出

启动 Photoshop CS6 的方法有以下 3 种：

(1) 选择"开始"→"所有程序"→"Adobe Photoshop CS6"命令，就可以启动 Photoshop 中文版。

(2) 双击桌面上的 Adobe Photoshop CS6 快捷方式图标 。如果桌面上没有 Photoshop CS6 中文版快捷方式图标，选择"开始"→"所有程序"→"Adobe Photoshop CS6"命令，在 Adobe Photoshop CS6 上单击鼠标右键，选择"发送到"→"桌面快捷方式"，即可在桌面添加一个"Adobe Photoshop CS6"快捷启动方式。

(3) 双击"我的电脑"中已经存盘的任意一个后缀名为 .psd 的文件。

退出 Adobe Photoshop CS6 中文版时，如果当前窗口中有未关闭的文件，要先将其关闭，若该文件被编辑过则需要保存，保存后再退出 Photoshop CS6 中文版。

退出 Photoshop CS6 的方法有以下 3 种。

(1) 单击 Photoshop CS6 中文版工作界面标题栏右侧的关闭按钮 。

(2) 在 Photoshop CS6 中文版界面中选择"文件"→"退出" 命令。

(3) 按快捷键<Ctrl+Q>键。

2. 新建文件

通常情况下，要处理一张已有的图像，只需要将现有图像在 Photoshop 中打开即可。如果开始制作一张新图像，就需要在 Photoshop 中新建一个文件。

如果要新建一个文件，可以执行"文件"→"新建"菜单命令或按<Ctrl+N>组合键，打开"新建"对话框。在"新建"对话框中可以设置文件的名称、尺寸、分辨率和颜色模式等，如图 1-3-1 所示。

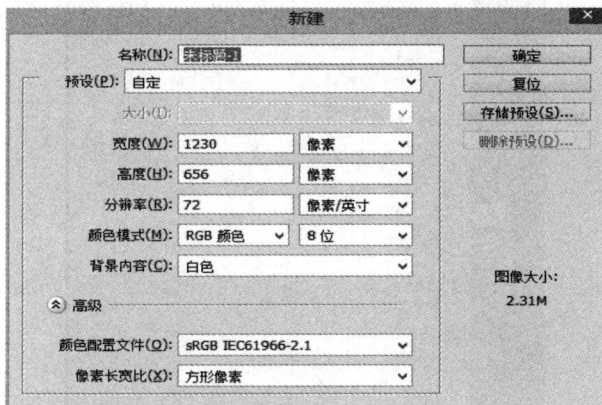

图 1-3-1 "新建"对话框

3. 打开文件

前面介绍了新建文件的方法，如果要对已有的图像进行编辑，那么就需要在 Photoshop 中将其打开才能进行操作。在 Photoshop 中打开文件的方式有以下多种。

1) 用"打开"命令打开文件

执行"文件"→"打开"菜单命令，如图 1-3-2 所示，然后在弹出的"打开"对话框中选择需要打开的文件，接着单击"打开"按钮或双击文件名即可在 Photoshop 中打开该文件。

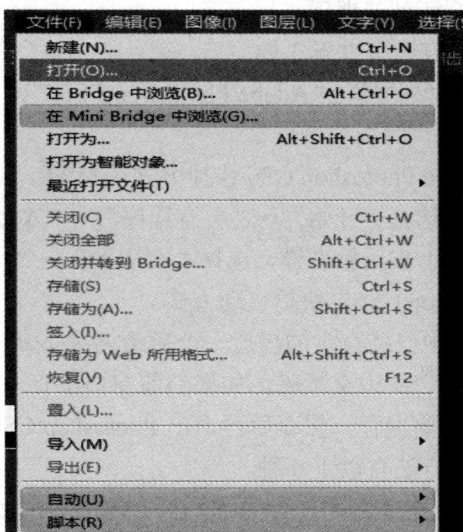

图 1-3-2　　"打开"命令

2) 用"在 Bridge 中浏览"命令打开文件

执行"文件"→"在 Bridge 中浏览"菜单命令，如图 1-3-3 所示，可以运行 Adobe Bridge，在 Bridge 中选择一个文件，双击该文件即可在 Photoshop 中打开。

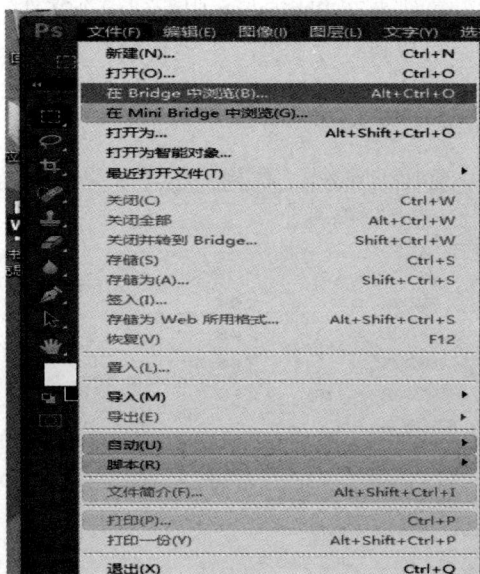

图 1-3-3　　"在 Bridge 中浏览"命令

Bridge 的界面如图 1-3-4 所示。

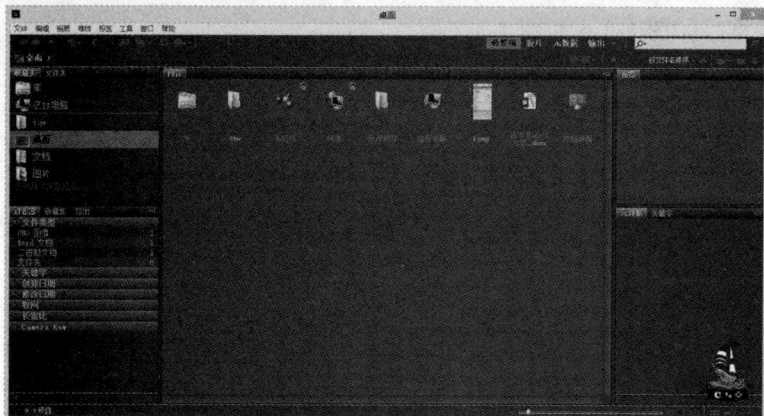

图 1-3-4　Bridge 的界面

3) 用"打开为"命令打开文件

执行"文件"→"打开为"菜单命令，打开"打开为"对话框，在此对话框中可以选择需要打开的文件，并且可以设置所需要的文件格式，如图 1-3-5 所示。

图 1-3-5　"打开为"命令

如果使用与文件的实际格式不匹配的扩展名文件(比如 GIF 文件存储为 PSD 文件)，或者文件没有扩展名，则 Photoshop 可能无法打开该文件，选择正确格式才能让 Photoshop 识别并打开该文件。

4) 用"打开为智能对象"命令打开文件

"智能对象"是包含栅格图像或矢量图像数据的图层。智能对象将保留图像的源内容以及其所有原始特性，因此对该图层无法进行破坏性编辑。执行"文件"→"打开为智能对象"菜单命令，然后在弹出的对话框中选择一个文件将其打开，此时该文件就可以自动转换成智能对象，如图 1-3-6 和图 1-3-7 所示。

图 1-3-6　智能对象 1

图 1-3-7　智能对象 2

5) 用"最近打开文件"命令打开文件

执行"文件"→"最近打开文件"菜单命令，在其下拉菜单中可以选择最近使用的 10 个文件，单击文件名即可将其在 Photoshop 中打开，如图 1-3-8 所示。另外，选择底部的"清除最近的文件列表"命令可以删除历史打开记录。

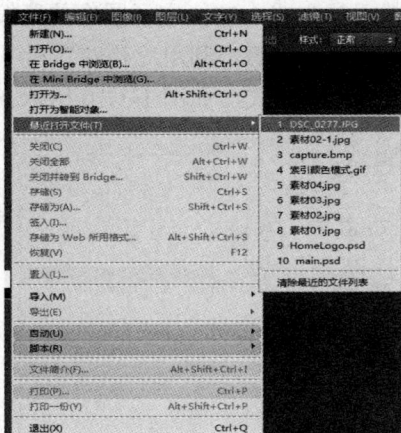

图 1-3-8　"最近打开文件"命令

4．保存文件

对图像进行编辑以后，就需要对文件进行保存。当出现 Photoshop 软件错误、计算机程序错误或者发生断电等情况时，所有操作都会丢失，因此保存文件就变得非常重要了。保存文件有以下几种方法。

1) 用"存储"命令保存文件

当对一张图像进行编辑以后，可以执行"文件"→"存储"菜单命令或按<Ctrl＋S>组合键，将文件保存起来。存储时会保留所做的更改，并且会替换掉上一次保存的文件，同时会按照当前格式进行保存。

2) 用"存储为"命令保存文件

如果是新建的文件，那么在执行"文件"→"存储"菜单命令时，系统会弹出"存储为"对话框。如果需要将文件保存到另一个位置或使用另一个文件名进行保存，就可以通过执行"文件"→"存储为"菜单命令或<Shift＋Ctrl＋S>组合键来完成，如图 1-3-9 所示。

图 1-3-9　"存储为"命令

文件格式就是保存图像数据的方式，它决定了图像的压缩方法，支持何种 Photoshop 功能，以及文件是否与其他软件相兼容等。利用"存储"和"存储为"命令保存图像，可以在弹出的对话框中选择图像的保存格式，如图 1-3-10 所示。

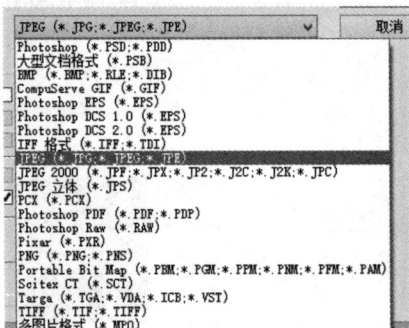

图 1-3-10　常用保存格式

1.3.2　Photoshop CS6 界面介绍

双击桌面 Photoshop 图标，即可启动 Photoshop CS6，进入工作界面。Photoshop 界面主要由菜单栏、工具选项栏、工具栏、文档标题栏、图像文档窗口、浮动控制面板以及状态栏、Br 浏览器等构成，如图 1-3-11 所示。

图 1-3-11　Photoshop CS6 工作界面

1. 菜单栏

最上边一栏是菜单栏，包含"文件"、"编辑"、"图像"、"图层"等 11 组菜单。菜单栏中包含 Photoshop 中的大多数指令。

单击任意一个菜单项即可打开相应的下拉菜单，里面包含与菜单项名称相关的各种操作指令，黑色显示表示指令处于可操作状态，灰色显示表示当前状态下不可操作。表 1-1 列举了菜单栏常用命令及简要说明。

表 1-1 菜单栏常用命令说明

菜单	命令	功 能
文件	新建	创建一个新文件
	打开	打开本机中已有的文件
	浏览	打开文件浏览器，文件浏览器有助于管理和组织图像
	关闭	关闭当前正在操作的文件
	存储	命名、保存文件或直接保存文件的编辑、修改到原文件
	存储为	将当前的工作文件重新命名并进行存盘，在存盘的过程中可以将文件保存为其他格式，存盘后工作文件自动转换为另存为的文件，原文件自动关闭，且不保存修改操作
	打印	通过打印设备输出 Photoshop 中的图形图像
	退出	退出并关闭 Photoshop 程序
编辑	还原	还原更改至状态改变前
	向前	恢复当前撤销的操作
	返回	返回上一步的操作
	消褪	将填充的对象消褪颜色，进行不透明度和模式的设置
	剪切	将选择的对象移动到剪贴板中
	拷贝	为选择的对象创建一个副本，并放置到剪贴板中
	粘贴	将剪贴板中的对象移动到当前工作文件中
	填充	对图层或图层上的对象使用不同的内容、混合模式进行填充
	描边	对图层或图层上的对象进行描边
	自由变换	对对象进行缩放、旋转等自由变换
	变换	使用所提供的下级命令对对象进行缩放、旋转、扭曲等操作
	预设	该命令包含了一系列的预置设定命令，可以通过这些命令对 Photoshop 进行预置设定，使其发挥强大的功能
图像	模式	使用下级命令对图像颜色模式进行转换
	调整	使用下级命令对图像颜色进行调整
	复制	复制当前对象为新的副本并在新的文件中显示
	应用图像	对源图像中的一个或多个通道进行编辑运算，然后将编辑后的效果应用于目标图像，从而创造出多种合成效果
	计算	把一个或多个图像中的若干个通道进行合成计算，以不同的方式进行混合，得到新图像或新的通道
	图像大小	查看、改变图像像素大小或文档大小
	画布大小	查看、改变画布大小
	裁切	确定选区后，用裁切命令对图像进行裁切
	修整	基于透明像素、左上角或右上角像素，对图像进行顶、底、左、右选择性的修整

菜单	命令	功　　能
图层	新建	使用下级命令可新建图层、背景图层、图层组等
	复制图层	对当前图层进行复制，产生一个当前图层的副本
	删除	激活所要删除的图层，用该命令进行删除
	图层属性	通过该命令改变图层的名称和图层在图层面板上的标记颜色
	图层样式	通过该命令改变图层的样式，使图层产生投影、发光等效果
	新填充图层	一种带蒙版的图层，其内容可以为纯色、渐变色或图案
	新调整图层	可以将色阶等效果单独放在一个图层中，而不改变原图像
	文字	对文字图层进行操作
	栅格化	对文字、形状、填充内容等进行栅格化处理
	添加图层蒙版	给一幅图片添加一个图层蒙版，当添加图层蒙版后，该命令变为移去图层蒙版
	停用图层蒙版	蒙版制作完成后，可对蒙版进行操作，当停用图层蒙版后，该命令变为启用图层蒙版
	向下合并	将当前激活图层和它的下一层进行合并
	合并可见图层	将所有可见图层进行合并
选择	全选	将图像全部选中
	取消选择	取消已选取的区域
	重新选择	恢复上一步进行的选择操作
	反选	将当前范围反转
	色彩范围	对图像中的相似颜色进行选取，并对图像作相应处理
	羽化	可对选区的正常明显边缘进行柔化处理
	修改	以四种不同的方式来修改选区
	扩大选区	在现有选区的基础上，将所有符合【魔棒】选项中指定的容差范围的相邻像素添加到现有选区中
	选取相似	在现有选区的基础上，将所有符合容差范围的像素(不一定相邻)添加到现有选区中
	变换选区	利用该命令可以对选区进行缩放和旋转的操作
	载入选区	将所有存储的选区载入当前图像中，如果通道控制面板中有多个 Alpha 通道，可自由选择所要载入的对象
滤镜	上次滤镜操作	使图像重复上一次所使用的滤镜
	抽出	根据图像的色彩区域可以有效地将图像在背景中删除
	滤镜库	打开【滤镜库】面板，在该面板中可以方便地调用各种滤镜
	液化	使图像产生各种各样的图像扭曲变形效果

续表二

菜单	命令	功 能
滤镜	图案生成器	快速地将选区中的图像生成平铺图案效果
	像素化	使图像产生分块，呈现出一种由单元格组成的效果
	扭曲	使图像产生多种样式的扭曲变形效果
	杂色	使图像按照一定的方式混入杂点，制作着色像素图案的纹理
	模糊	使图像产生模糊效果
	渲染	改变图像的光感效果，可以模拟在图像场景中放置不同的灯光，产生不同的光源效果、夜景等
	画笔描边	在图像中增加颗粒、杂色或纹理，从而使图像产生多样的艺术画笔绘画效果
	素描	可以使用前景色和背景色来置换图像中的色彩，从而生成一种精确的图像艺术效果
	纹理	使图像产生多种多样的特殊纹理及材质效果
	艺术效果	使 RGB 模式的图像产生多种不同风格的艺术效果
	视频	Photoshop 的外部接口命令，用来从摄像机输入图像或将图像输出到录像带上
	锐化	将图像中相邻像素点之间的对比增强，使图像更加清晰化
	风格化	使图像产生各种印象派及其他风格的画面效果
	其他	可以设定和创建自己需要的特殊效果滤镜
	Digimarc	将自己的作品加上自己的标记，对作品进行保护
视图	放大	使图像显示比例放大
	缩小	使图像显示比例缩小
	按屏幕大小缩放	使图像以画布窗口大小显示
	实际像素	使图像以 100%比例显示
	打印尺寸	使图像以实际的打印尺寸显示
	屏幕显示	以 3 种不同的模式显示图像
	显示额外内容	在画布中显示其他额外的内容
	显示	在画布窗口中选择显示的对象
	标尺	可在画布窗口内的上边和左边显示出标尺
	锁定参考线	可锁定参考线，锁定的参考线不能移动
	清除参考线	可清除所有参考线
	新参考线	新建参考线并进行新参考线取向与位置设定
	锁定切片	对切片进行锁定
	清除切片	清除划分好的切片

菜单	命令	功　　能
窗口	排列	在 Photoshop 中将所有打开的窗口进行排列
	工作区	对工作区进行存储、删除和调板位置的复位
	导航器	打开或关闭导航器窗口
	工具	打开或关闭工具箱面板
	历史记录	打开或关闭历史记录面板
	图层	打开或关闭图层面板
	选项	打开或关闭工具选项栏
	颜色	打开或关闭颜色面板
	状态栏	打开或关闭状态栏
帮助	Photoshop 帮助	可查找关于软件、工具等的使用说明

2. 选项栏(工具选项栏)

选项栏用于配合工具栏中各种工具的使用，工具不同时选项栏的内容也随之变化，主要用来设置工具的调整参数。

3. 工具栏

工具栏中集合了 Photoshop 的大部分工具，根据功能大体上分为移动与选择工具、绘图与修饰工具、路径与矢量工具、3D 和辅助工具等几大类别。如果某个工具图标右下角有三角形标志，表示这是一个工具组。右键点击小三角可在下拉列表中看到多个类似工具；按住"Alt"键点击工具图标，可在多个不同工具间切换。

4. 文档标题栏

新建或打开一个图像文档，Photoshop 会自动建立一个标题栏，标题栏中就会显示这个文件的名称、格式、窗口缩放比例及色彩模式等信息。

5. 图像文档窗口

图像文档窗口是用来显示、编辑和绘制图像的地方。为了方便观察，窗口可任意缩放。

6. 浮动控制面板

浮动控制面板用来配合图像的编辑，对操作进行控制和设置属性和参数等。这些面板都在"窗口"菜单里。如果要打开某一个面板，可以在"窗口"菜单下拉列表中勾选该项面板。

浮动控制面板在工作区中的位置非常灵活，可以对其进行组合、排列、缩放、删除、关闭等多种操作。

7. 状态栏

状态栏位于工作界面的最底部，用于显示当前文档的大小、尺寸、缩放比例、当前工具等多种内容。单击状态栏中的小三角，可自定义设置要显示的内容。

8. Br 浏览器

点击 Bridge 浏览器的开启按钮，可进入浏览器界面查找文件。

1.3.3　Photoshop CS6 基本工具及其使用

Photoshop CS6 提供的工具都放置在工具箱中，使用这些工具可以对图像进行移动、绘制、编辑、修复、模糊、裁剪和颜色设置等操作。工具箱可以以两种形式进行显示，一种是短双条，一种是长单条。当工具箱呈短双条排列时，在工具箱的上方灰色部分单击双箭头符号按钮，即可转换为长单条排列。

移动工具：可以对 Photoshop 中图层里面的图像或直接对整个图层的位置进行移动。

矩形选框工具：可以对图像创建一个矩形的选区。

套索工具：按住鼠标不放并拖动可创建一个不规则的选择范围。

快速选择工具：用于快速选择图像中的某个图像区域。

裁剪工具：对图像的大小进行裁剪。

吸管工具：主要用来吸取图像中的某一种颜色，并将其变为前景色。

污点修复画笔工具：对图像中的瑕疵进行修复和去除。

画笔工具：用来对图像进行上色。

仿制图章工具：用于对图像进行局部的修复。

历史记录画笔工具：主要作用是对图像的操作进行恢复，使其还原至最近保存或打开图像的效果。

橡皮擦工具：主要用来擦除不必要的像素。如果对背景图层进行擦除，则背景色是什么颜色，擦出来的就是什么颜色。

渐变工具：主要是对图像进行渐变填充。

模糊工具：主要是对图像进行局部模糊处理。

减淡工具：主要是对图像进行亮度的提升处理，以减淡图像的颜色。

钢笔工具：用来绘制带有锚点的自由路径。

文字工具：使用该工具可在图像中输入文字。

路径选择工具：对绘制路径上的锚点进行选择，以便对其进行编辑和修改。

矩形工具：用来绘制矩形的路径。

抓手工具：主要用来移动图像窗口中图像的显示位置。

缩放工具：主要用来放大或缩小图像窗口中图像的显示比例。

默认前景色和背景色：默认的前景色为黑色，背景色为白色。

以快速蒙版编辑：主要用来准确选取图像范围。

更改屏幕模式：包括标准屏幕模式、带有菜单栏的全屏模式和全屏模式。

Photoshop 基本工具如图 1-3-12 所示。

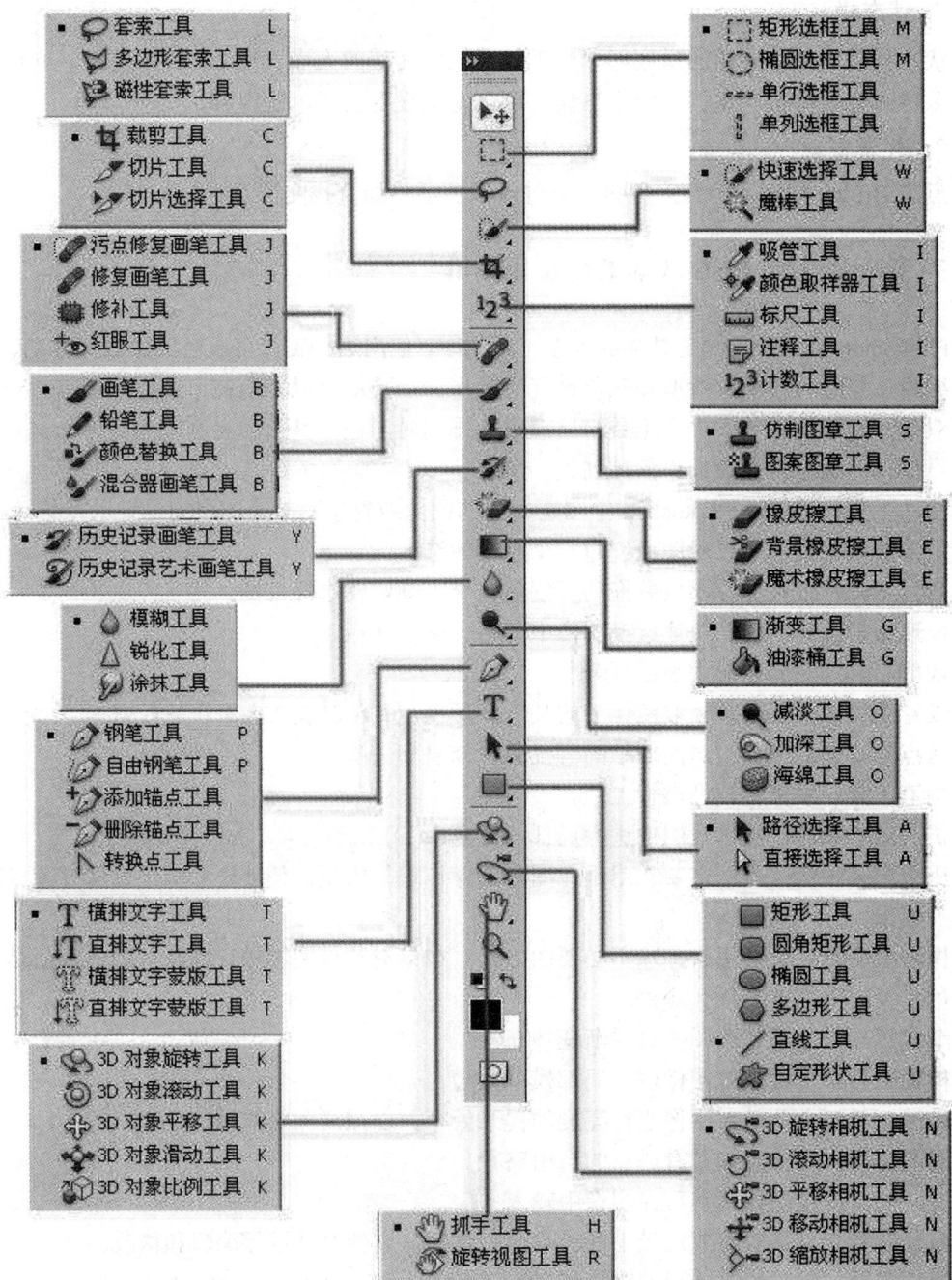

图 1-3-12　Photoshop 基本工具

【案例：我的名片】

(1) 打开 Photoshop CS6，点击"文件"→"新建"命令，创建一个新文件，在"新建"对话框中将名称命名为"我的名片"，具体设置如图 1-3-13 所示。设置好后单击"确定"按钮。

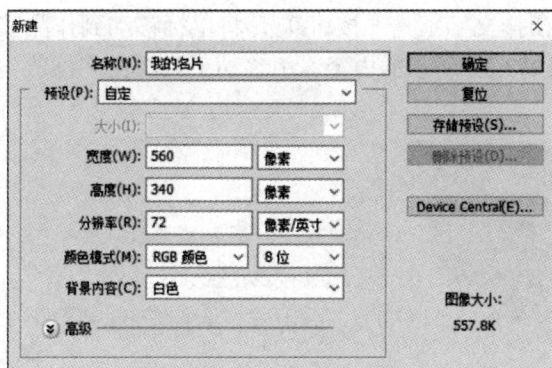

图 1-3-13　"新建"对话框

(2) 点击"文件"→"打开"命令，在"打开"对话框中选择"名片背景"素材，如图 1-3-14 所示，单击"打开"按钮。

图 1-3-14　"打开"对话框

(3) 单击工具箱"移动工具"按钮 ，把鼠标移动到打开的名片背景素材上，按住鼠标左键，把背景素材拖动到新建的"我的名片"文件中，使用快捷键<Ctrl+T>调整图片大小，拖动图片摆放到合适位置，如图 1-3-15 所示。

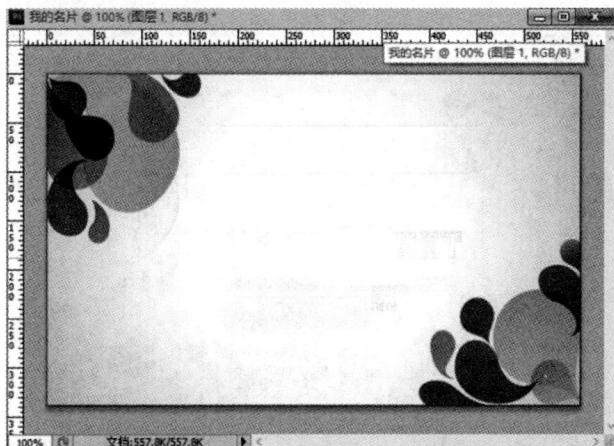

图 1-3-15　导入素材后的界面

(4) 单击工具箱"横排文字工具"按钮 T,，将鼠标移动到作品空白处并单击左键，出现闪烁光标，输入如图 1-3-16 所示的内容。用移动工具将文字摆放到合适的位置，并设置字体颜色。

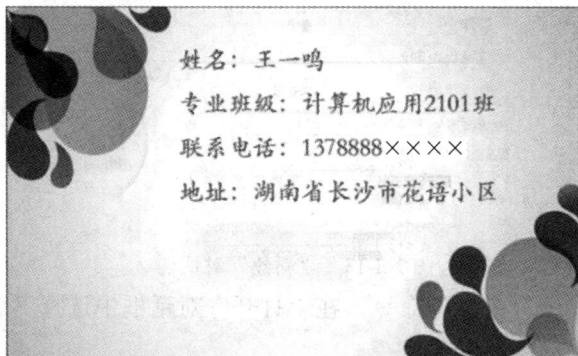

图 1-3-16　输入文字

(5) 设置文字变形效果。录入文字"世上无难事，只怕有心人"，单击文字属性栏里的"创建文字变形"按钮 工，弹出"变形文字"对话框，具体设置如图 1-3-17 所示。

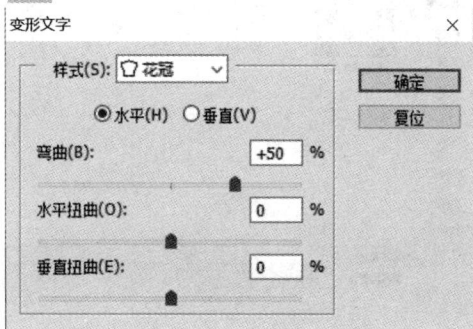

图 1-3-17　设置"变形文字"

(6) 点击"文件"→"存储"命令，弹出"存储为"对话框，选择存储位置，文件名为"我的名片"，保存格式为 PSD 格式，单击"保存"按钮。这样保存后，下次还可以打开文件继续进行修改。再次点击"文件"下拉菜单，选择"存储为"命令，把保存格式选择为 JPEG 格式，其余设置不变，单击"保存"按钮。这样保存后，才能把作品输出为图片。最终效果如图 1-3-18 所示。

图 1-3-18　"我的名片"效果图

1.4　其他常用平面设计软件介绍

在实际工作中，设计师常常会使用多种设计方式来设计图像画面。如果他们不了解一些常用的平面设计软件的功能与作用，就不可能在设计时有针对性地选择软件来将画面中的各项元素进行合理的处理。因此，了解一些常用的平面设计软件的主要功能与作用，可以大大节省平面设计师的工作时间，同时也有利于设计出丰富多彩的画面效果。

1. FreeHand

FreeHand 是 Macromedia 公司推出的一个基于矢量绘图的著名软件，具有强大的图形设计、排版和绘图功能。它操作简单、使用便捷，是平面设计师常用的图形软件之一。

FreeHand 最初仅仅应用于 Macintosh 平台，后来被移植到 Windows 平台上。使用FreeHand 能够画出纯线条的美术作品和光滑的工艺图。它使用 PostScript 语言对线条、形状和填充插图进行定义，一般常用在建筑物设计图，产品设计或其他精密线条绘图，商业图形、图表等众多领域。

2. CorelDRAW

由 Corel 公司出品的 CorelDRAW 也是世界一流的平面矢量绘图软件。该软件具有强大的数据交换能力，不仅可以直接编辑、修改多种格式的图形图像文件和其他文字软件的格式文件，而且可以导入其他图形图像处理软件处理过的图片，引入 Internet 对象和超文本，编辑修改后还可以多种格式导出或另存为其他格式文件，直接发送到 Internet 上。

在 CorelDRAW 12 中还集成了 CorelPHOTO-PAINT 12、CorelCAPTURE 12 和CorelTRACE 12 等软件。它既是一个大型的矢量图形制作软件，也是一个大型的软件包。CorelDRAW 12 的操作比以前的版本更加简便，图形图像的编辑处理功能更加强大，工作界面更加简洁。

3. Illustrator

为了弥补 Photoshop 在矢量绘图上的不足，Adobe 公司开发了图形处理软件Illustrator。该软件不仅能处理矢量图形，而且还可以处理位图图像，被广泛应用于平面广告设计、网页图形制作、电子出版物和艺术图形创作等诸多领域。用户可以利用它快速、精确地绘制出各种形状复杂且色彩丰富的图形和文字效果。不仅如此，它还能够进行简单的文字排版处理，制作出极具感染力的图表等。使用 Illustrator 的 Web 功能，可以很轻松地设计出精美的网页图像；同时 Illustrator 还提供与 Adobe 的其他应用软件协调一致的工作环境，如与 Adobe Photoshop、Adobe PageMaker 的工作界面一致。在新版本的 Illustrator CS 中，该软件又在原有的图像功能上大幅增强了 Web 性能、3D 样式效果和打印功能，同时还加强了与其他图形图像软件及应用程序间的结合使用。因此，对于媒体设计师和网页设计师来说，Illustrator CS 都提供了完美的新功能，可以帮助用户把工作做得更快、更好。

4．PageMaker

PageMaker 是 Adobe 公司出品的跨平台的专业页面设计软件。在平面设计领域中 PageMaker 是专业人士首选的组版软件，深得设计师们的广泛赞许。这主要是因为 PageMaker 不但拥有强大的图文处理功能，而且还能达到印刷行业对页面品质的严格要求。高质量的输出是桌面印刷软件所必须具备的特性。专业排版软件不但要能够调入和使用常用的文字和图像格式，更重要的是还要能够生成分辨率在 1200 dpi 以上的页面或者生成 100 dpi 以上的半色调加网图或分色片。PageMaker 是第一个能够胜任桌面印刷的排版软件。它使用 PostScript 页面描述语言，可以较完美地描述图形，生成高质量的输出文件。

用于平面设计的众多软件，可按各自功能的差别和特长来进行分类，以便选择使用。

在矢量图形制作方面，推荐使用 Illustrator、CorelDRAW、FreeHand，而在图像处理和图像效果渲染方面当数 Photoshop 最强。桌面印刷的排版当然首选 PageMaker 软件。其他一些软件也有各自的特点，这就要看设计师如何灵活应用了。

第二章　图像选区的创建与编辑

重点、难点分析

重点：

- 各种选区工具的创建、移动及取消等基本操作
- 编辑选区的方法及技巧
- 修改选区命令对选区的作用

难点：

- 修改选区命令对选区的作用

难度：★★★

技能目标

- 熟练掌握各种选区工具的创建、移动及取消等基本操作
- 掌握编辑选区的方法及技巧
- 了解修改选区命令对选区的作用

德育目标

- 培养读者自觉遵守社会公德的品质
- 养成健康文明的生活方式

2.1　选区的创建

选区在图像编辑中的作用非常重要，当我们需要对图像的局部进行编辑时，就应该将其局部选取，这样才可以对图像的局部进行处理而不影响图像的其他部分。除此之外，选取图像在图像合成中也起到了不可忽视的作用。例如，我们从一幅图像中选取图像的某一部分，将其调入其他图像中，和其他图像进行合成，组成新的图像效果。可见，选取图像是进行图像编辑不可缺少的重要手段。

在 Photoshop 中，常用的选择工具分为两类：规则的选择工具和不规则的选择工具。规则的选择工具包括矩形选框工具、椭圆选框工具、单行选框工具和单列选框工具。顾名思义，它们产生的选区都是规则的图形。不规则的选择工具包含套索工具、多边形套索工具、磁性套索工具。套索工具用于产生任意不规则选区，多边形套索工具用于产生具有一定规则的多边形选区，而套索工具组里的磁性套索工具是制作边缘比较清晰、且与背景颜色相差比较大的图片的选区，而且在使用的时候需注意其属性栏的设置。

2.1.1　选框工具

在 Photoshop 中，选框工具是非常重要的。在对图像进行编辑前，需要先对所要处理的图像区域创建选区，在被选取的图像区域的边界上会出现一条虚线，称为"选框"。只有选框以内的区域才能进行各种操作，而选框以外的区域则不受影响。创建图像选区的工具和方法有多种，用户可以根据实际情况选择不同的方式。

选择矩形选框工具，在工作区的左上角按住鼠标左键不放，顺着箭头的方向拖曳至右下角释放左键，即可创建一个选区。如果需要从中心位置开始绘制选区，则必须首先在中心点按住鼠标的左键，然后按住<Alt>键不放，向矩形选区的任意顶角拖动即可。另外，在创建选区时按住<Shift>键，可以创建正方形选区，配合<Alt>键，可以从中心开始绘制正方形选区。选区绘制完成后，如果需要移动，将鼠标停放在选区轮廓内，按住鼠标左键并拖动即可。矩形选框工具属性栏如图 2-1-1 所示，该工具属性栏分为三个部分：选区运算方式、羽化和消除锯齿以及样式，这三个部分分别用于创建选区时不同参数的控制。

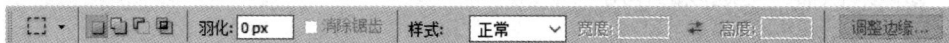

图 2-1-1　矩形选框工具属性栏

Photoshop 提供了 4 种不同的创建选区的方式，分别是"新选区"按钮 、"添加到选区"按钮，"从选区减去"按钮和"与选区交叉"按钮。选择不同的按钮，所获得的选择区域也不相同。

"新选区"按钮：单击该按钮，然后在图像窗口中单击鼠标并拖曳，每次只能创建一个新选区。若当前图像窗口中已经存在选区，创建新选区时将自动替换原选区。

"添加到选区"按钮：单击该按钮，在图像窗口中创建选区时，将在原有选区基础上增加新的选区，相当于按住<Shift>键的同时创建选区的效果。

"从选区减去"按钮：单击该按钮，在图像窗口中创建选区时，将在原选区中减去与新选区相关的部分，相当于按住<Alt>键的同时创建选区的效果。

"与选区交叉"按钮：单击该按钮，在图像窗口中创建选区时，将在原有选区和新建选区相交的部分生成最终选区。

【案例：禁止标志】

1. 创建新文件

(1) 启动 Photoshop 软件，执行【文件】→【新建】命令，弹出【新建】对话框，具体设置如图 2-1-2 所示。

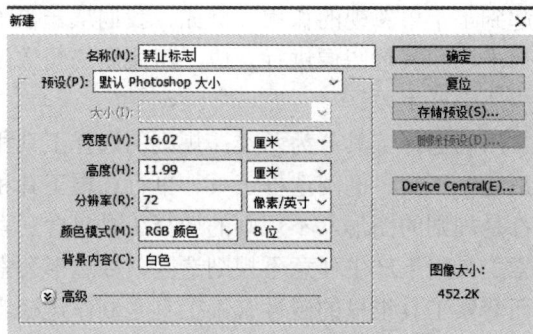

图 2-1-2　新建文件

(2) 单击 ![确定] 按钮即可创建一个名为"禁止标志"的新文件。

(3) 执行【视图】→【标尺】命令，在文件窗口中显示标尺。

(4) 使用鼠标在标尺空白处单击拖动，创建两条垂直参考线。

2．创建环形选区

(1) 单击【图层】面板的【创建新图层】按钮 ![图标]，创建一个新图层。

(2) 使用椭圆选框工具 ![图标]，按住<Shift+Alt>组合键，用鼠标左键捕捉两条参考线的交点，按住鼠标左键不放，从圆心向外进行拖动，绘制一个以交点所在位置为中心点的正圆(注：在放手前先松开鼠标左键，再松开<Shift+Alt>组合键)，如图 2-1-3 所示。

说明：使用选框工具时，若按住<Shift>键，则可以定义正方形选区或正圆选区；若按住<Alt>键，则可以定义一个以单击点为中心的矩形或椭圆形选区；若按住 Shift＋Alt 组合键，则可以定义一个以单击点为中心的正方形或正圆形选区(具体使用中先释放鼠标按钮，再释放快捷键)。

(3) 单击椭圆选框工具属性栏中的【从选区剪去】按钮 ![图标]，用上述方法再绘制一个小圆，即可得到一个如图 2-1-4 所示的空心圆环。

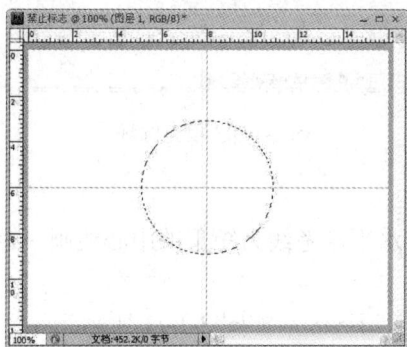

图 2-1-3　创建圆形选区　　　　　　　　图 2-1-4　创建环形选区

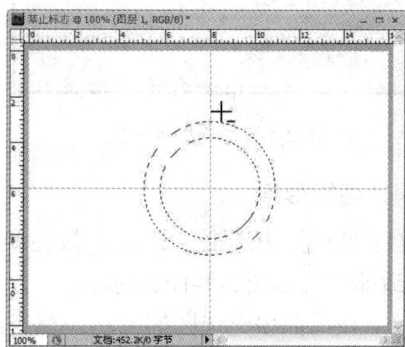

3．填充颜色

(1) 打开【拾色器】对话框，将前景色设为纯红(R：255，G：0，B：0)，如图 2-1-5 所示。

提示：用户也可以使用吸管工具 ![图标]，在【色板】面板中吸取纯红，如图 2-1-6 所示。

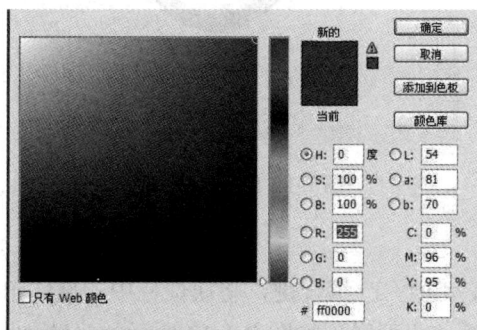

图 2-1-5　设置前景色　　　　　　　　　图 2-1-6　取样

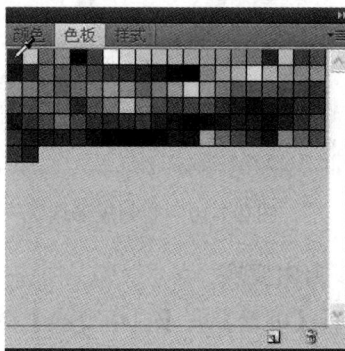

(2) 选择油漆桶工具 ，油漆桶工具属性栏的具体设置如图 2-1-7 所示。

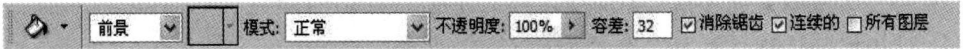

图 2-1-7　油漆桶工具属性栏

(3) 将圆环填充为纯红色。执行【编辑】→【填充】命令，弹出【填充】对话框，选择前景色，如图 2-1-8 所示，单击 确定 按钮，即可得到一个如图 2-1-9 所示的纯红色圆环。

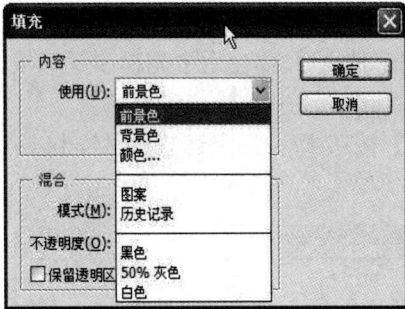

图 2-1-8　填充前景色　　　　　图 2-1-9　填充圆环

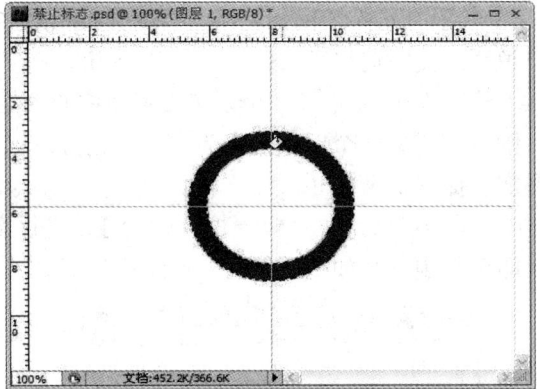

4．画矩形条

(1) 使用矩形选框工具 ，按住 Alt 键，以水平参考线为矩形的中心线画一矩形，宽度合适即可，如图 2-1-10 所示。

(2) 按上面填充选区的方法，填充纯红色，取消选区，如图 2-1-11 所示。

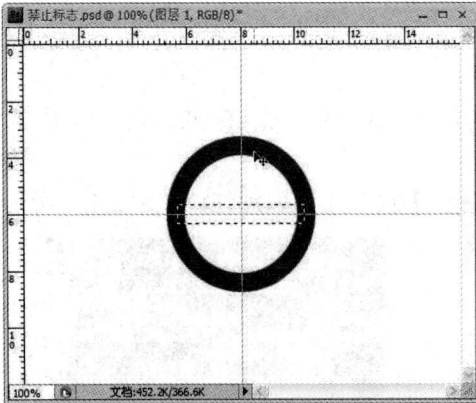

图 2-1-10　绘制矩形选区　　　　　图 2-1-11　填充矩形选区

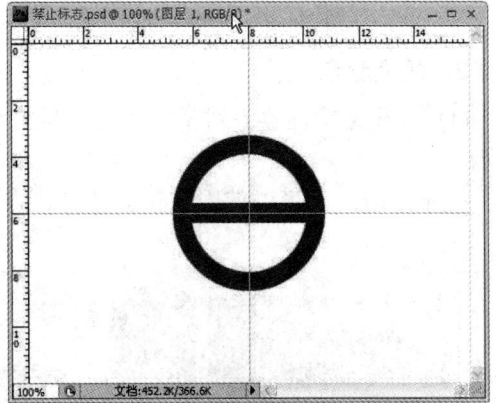

5．自由变换

执行【编辑】→【自由变换】命令，或按<Ctrl+T>组合键，将属性栏中的旋转角度设为 45°，单击属性栏中的【进行变换】按钮 ，即可得到如图 2-1-12 所示的"禁止图标"图标效果。

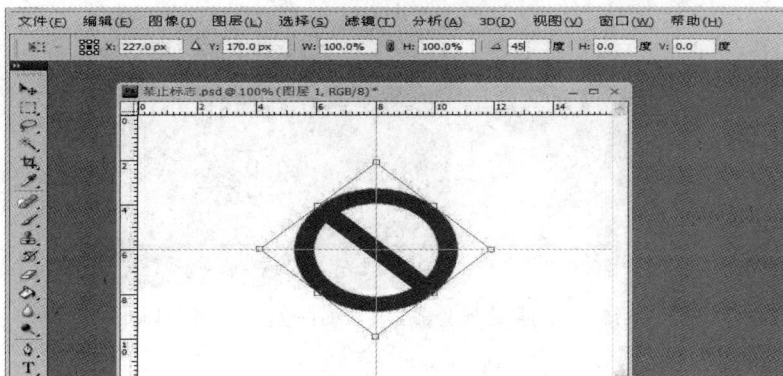

图 2-1-12　效果图

2.1.2　套索工具

套索工具组中包括套索工具、多边形套索工具和磁性套索工具，如图 2-1-13 所示。

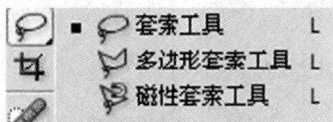

图 2-1-13　套索工具组

套索工具用于绘制不规则选区，使用者可以完全靠移动鼠标来构建选区，有很大的随意性，当然也考验操作者的鼠标操作能力，如图 2-1-14 所示。

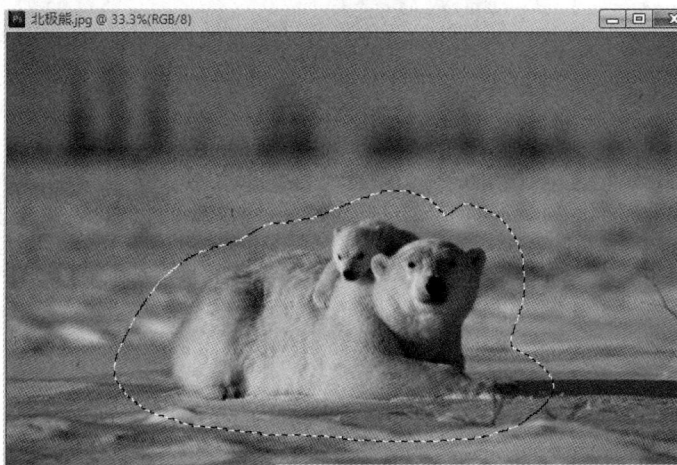

图 2-1-14　套索工具

多边形套索工具用于绘制有一定规则的选区，在对多边形选区进行抠图时比较实用，如图 2-1-15A 所示。在使用多边形套索工具创建选区时，单击鼠标后按住<Shift>键，可绘制水平、垂直或者 45°角方向直线。

磁性套索工具用于绘制边缘比较清晰，且与背景颜色相差比较大的图片的选区。它会像吸铁石一样吸附在图片边缘并随着鼠标的移动而吸附在图片的边缘上进行移动，如图 2-1-15B 所示。

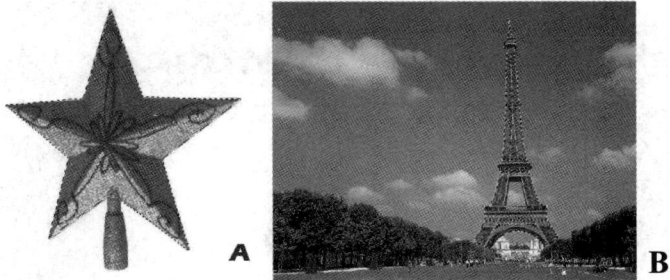

图 2-1-15　利用多边形套索工具、磁性套索工具编辑图像

【案例：美丽的樱花】

(1) 执行"文件"→"打开"命令，打开素材"樱花.jpg"。

(2) 选择磁性套索工具，然后利用此工具选中樱花区域，如图 2-1-16A 所示。

(3) 单击图层面板下方的"创建照片滤镜调整图层"按钮，选择"洋红"滤镜，设置浓度为 25%，粉红色的美丽樱花就制作出来了，效果如图 2-1-16B 所示。

图 2-1-16　案例：美丽的樱花

2.1.3　魔棒工具

　　魔棒工具名称的由来是因为它具有魔术般的奇妙作用。在 Photoshop CS6 中运用魔棒工具可以创建颜色相同或相近的选区。魔棒工具可以根据一定的颜色范围来创建选区，比较适合于选择纯色或者颜色比较近似的区域。选取工具箱中的魔棒工具，移动光标至图像窗口，在需要创建的选区的图像处单击鼠标左键，Photoshop CS6 将会自动把图像中包含了单击点处颜色的部分作为一个新的选区，如图 2-1-17 所示。

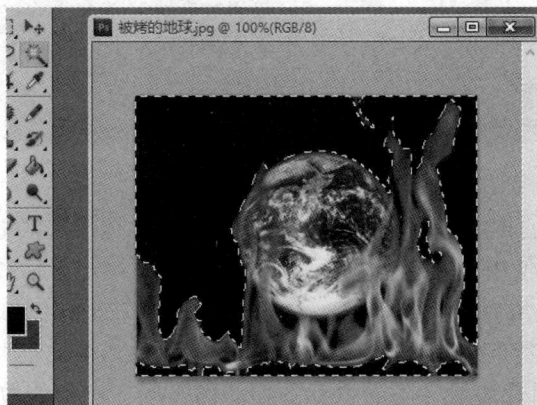

图 2-1-17　魔棒工具

选取魔棒工具后，其属性选项栏设置如图 2-1-18 所示，主要选项含义如下：

容差：在其右侧的文本框中可以设置 0~255 之间的数值，它主要用于确定选择范围的容差，默认值为 32。设置的数值越小，选取的颜色范围越小，选取范围也就越小。

连续：选中该复选框，表示只能选中鼠标单击处邻近区域中相同的像素；取消选中该复选框，则能够选择符合像素要求的所有区域。

对所有图层取样：选中该复选框，将在所有可见图层中应用魔棒工具；取消选中该复选框，则魔棒工具只能选取当前图层中颜色相近的区域。

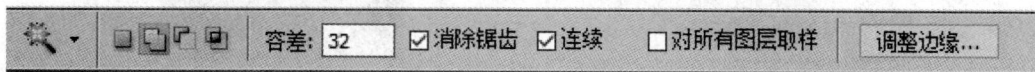

图 2-1-18　魔棒工具属性栏

【案例：瀑布下的小鸭子】

(1) 在 Photoshop 中打开瀑布图片和小鸭子图片，选择魔棒工具，设容差值为 10，如图 2-1-19 所示。然后在小鸭子图片的空白处单击，此时会形成一个对白色进行选取的选区，如图 2-1-20 所示。

图 2-1-19　魔棒工具属性设置

图 2-1-20　选取白色区域

(2) 执行【选择】→【反选】命令(快捷键<Crtl＋Shift＋I>)进行反选，这个时候所选中的就是小鸭子了，如图 2-1-21 所示。鼠标切换到移动工具，移动鸭子到瀑布图上，如图 2-1-22 所示。

图 2-1-21　选取小鸭子

图 2-1-22　移动选区效果

(3) 打开山丘图片，如图 2-1-23 所示。选择多边形套索工具，将图中要用到的蓝天部分选取，如图 2-1-24 所示。使用移动工具将选区拖动到瀑布上方，如图 2-1-25 所示。(当然，此处也可以运用磁性套索工具。)

图 2-1-23　山丘图片

图 2-1-24　选取蓝天

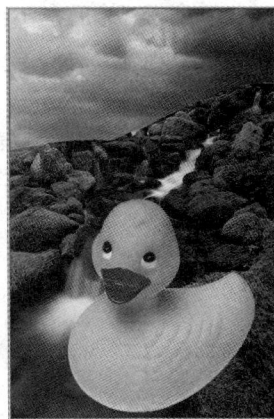

图 2-1-25　移动选区效果

(4) 选中小鸭子图层，然后执行【编辑】→【自由变换】命令(快捷键<Ctrl + T>)进行自由变形，调整小鸭子的大小和位置，并使用同样的方法调整蓝天图层，如图 2-1-26 所示。

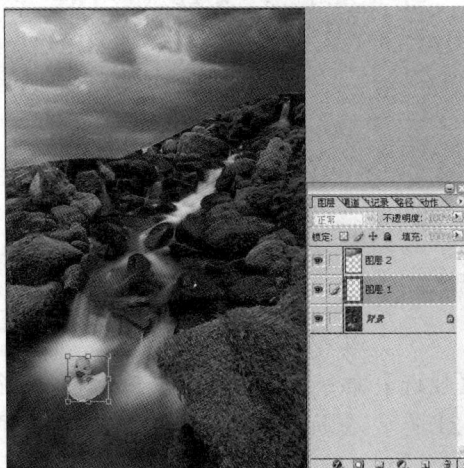

图 2-1-26　调整图层大小

(5) 选择橡皮擦工具，并按照图 2-1-27 所示的参数进行设定，在蓝天图层上进行涂抹，得到如图 2-1-28 所示效果。需要注意的是，在涂抹的过程中，需不断对橡皮擦工具的参数进行更改，以得到更好的效果。

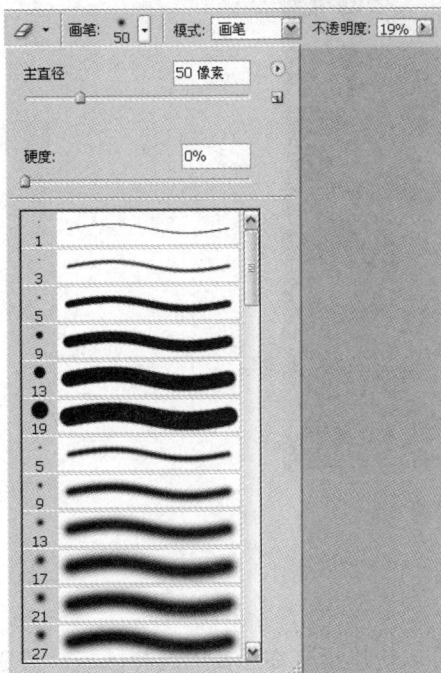

图 2-1-27　橡皮擦工具参数设置　　　　　　图 2-1-28　橡皮擦涂抹后效果

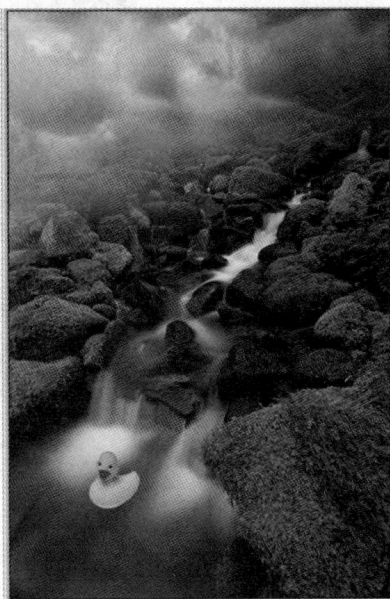

(6) 下面给图像加上一点特效。使用椭圆选择工具选中背景层中的河水部分，如图 2-1-29 所示。执行【滤镜】→【扭曲】→【水波】命令，弹出如图 2-1-30 所示对话框，参照图中的数据进行参数设置。

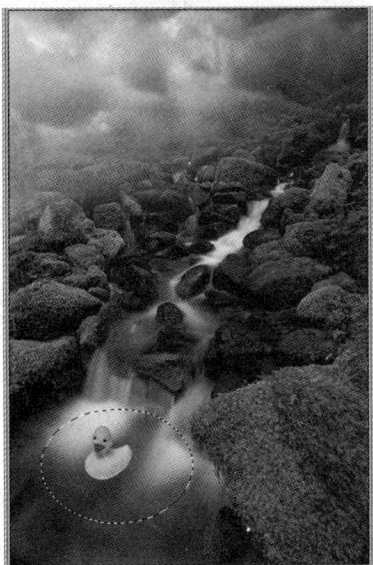

图 2-1-29　建立椭圆选区　　　　　　图 2-1-30　【水波】对话框

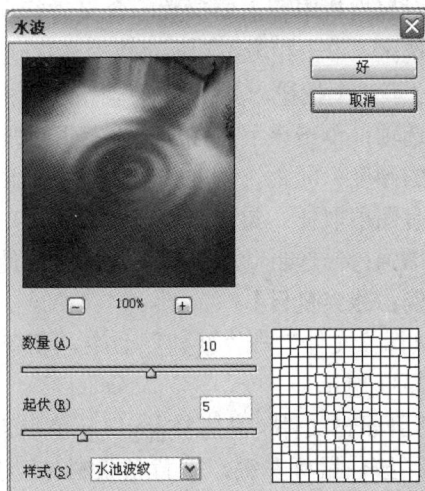

最终效果如图 2-1-31 所示。

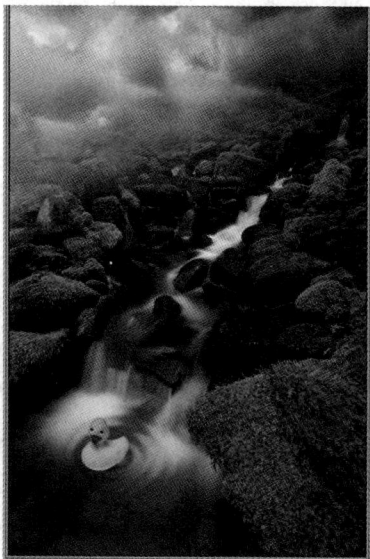

图 2-1-31　最终效果

2.1.4　快速选择工具

在 Photoshop CS6 中运用快速选择工具，可以快速指定你想要的选择区域。快速选择工具使用一个原型笔尖来创建选区，可以调节大小，如果创建的选区大于当前需要选取的物体，可以将画笔调小，按住 Alt 键的同时点选多余的部分，即可快速删除多余的部分。其属性栏如图 2-1-32 所示。

图 2-1-32　快速选择工具属性栏

下面对属性栏中各主要参数的含义进行介绍。

运算选区：单击相应按钮，可以对选区进行运算，包括"新选区""添加到选区""从选区中减去"3 个按钮，其中默认选择的是"新选区"按钮。

画笔选项：单击该下拉按钮，在打开的面板中可以设置创建选区时画笔的大小，也可以对画笔的硬度、间距、角度和圆角等进行调节。

对所有图层取样：勾选该复选框，可以对所有图层创建和当前图层上相同的选区。

自动增强：勾选自动增强，识别边缘的能力会加强。

【案例：冰爽夏日】

(1) 执行"文件"→"新建"命令，新建一幅名为"冰爽夏日"的图像文件，文件设置如图 2-1-33 所示。

(2) 打开素材文件"高脚杯.jpg"，单击工具箱"移动工具"按钮，把鼠标移动到打开的素材上，按住鼠标左键，把背景素材拖动到新建的"冰爽夏日"文件中，使用快捷键 <Ctrl+T> 调整图片大小，将图片拖动到合适位置，如图 2-1-34 所示。

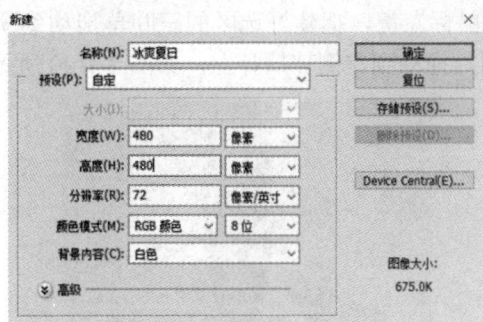

图 2-1-33 新建文件

图 2-1-34 创建背景

(3) 打开素材文件"冰爽茶.jpg",单击工具箱"多边形套索工具"按钮,将鼠标移到玻璃杯的左上角,单击鼠标左键确定选区起始点,沿着玻璃杯边线移动鼠标,为玻璃杯创建一个闭合的选区,如图 2-1-35 所示。

(4) 单击工具箱"移动工具"按钮,按住鼠标左键,把建好选区的玻璃杯拖动到新建的"冰爽夏日"文件中,调整图片大小,将图片拖动到合适位置,如图 2-1-36 所示。

图 2-1-35 使用"多边形套索工具"创建选区

图 2-1-36 拼合玻璃杯

(5) 打开素材文件"冰淇淋.jpg",选择工具箱"魔棒工具",点击图片上的白色区域,创建白色背景的选区。执行"选择"→"反向"命令,创建冰淇淋和纸盒的选区,如图 2-1-37 所示。

(6) 单击工具箱"移动工具"按钮,按住鼠标左键,把建好选区的冰淇淋和纸盒拖动到新建的"冰爽夏日"文件中。选择工具箱"矩形选框工具",在纸盒外围创建一个矩形选区,按"Delete"键删除纸盒。调整冰淇淋图片大小,将图片拖动到合适位置,如图 2-1-38 所示。

图 2-1-37 使用"魔棒工具"创建选区

图 2-1-38 拼合冰淇淋

(7) 打开素材文件"三叶草.jpg",选择工具箱"魔棒工具",选择属性栏"添加到选区"按钮,多次单击三叶草绿色叶片,创建叶片的选区,如图 2-1-39 所示。

(8) 单击工具箱"移动工具"按钮,按住鼠标左键,把建好选区的三叶草拖动到新建的"冰爽夏日"文件中,调整图片大小,将图片拖动到左侧玻璃杯上,如图 2-1-40 所示。

图 2-1-39　使用"魔棒工具"创建选区

图 2-1-40　拼合三叶草

(9) 打开素材文件"小红花.jpg",选择工具箱"快速选择工具",在小红花中间位置单击鼠标左键,创建小红花的选区,如图 2-1-41 所示。

(8) 单击工具箱"移动工具"按钮,按住鼠标左键,把建好选区的小红花拖动到新建的"冰爽夏日"文件中,调整图片大小,将图片拖动到冰淇淋旁,最终效果如图 2-1-42 所示。

图 2-1-41　使用"快速选择工具"创建选区

图 2-1-42　【冰爽夏日】效果图

2.2　选区的调整

2.2.1　移动和取消选区

要移动选区,只需要将鼠标指针移至创建的选区内,单击鼠标左键并拖曳,即可移动选区的位置,如图 2-2-1 所示。

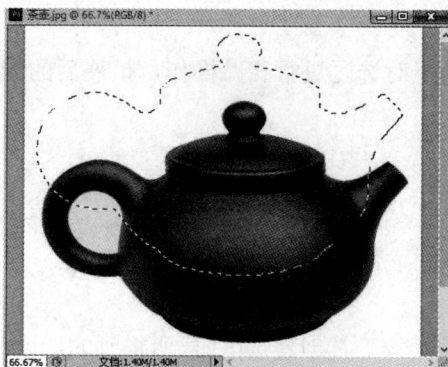

图 2-2-1　移动选区的位置

在图像窗口中创建选区时，对图像所做的一切操作都被限定在选区中，所以在不需要选区的情况下，应取消所创建的选区。取消选区的操作方法有四种，分别如下：

■ 执行"选择"→"取消选择"命令。

■ 按<Ctrl＋D>组合键。

■ 选取工具箱中的"选框"工具或"套索"工具，在图像窗口中单击鼠标左键。

■ 在图像窗口中的任意位置单击鼠标右键，在弹出的快捷菜单中选择"取消选区"选项。

2.2.2　修改选区

在图像窗口创建选区后，可以利用菜单命令对选区进行进一步的细致调整，以得到更加精确和特殊的选区。修改选区的菜单命令为执行"选择"→"修改"命令，在弹出的子菜单中提供了五个修改命令，分别为：边界、平滑、扩展、收缩和羽化，以及执行"选择"→"扩大选取"和"选取相似"命令。下面将对这些命令进行详细的介绍。

1．扩展

运用"扩展"命令，可以将当前选区均匀向外扩展 1～100 个像素。在图像窗口中创建如图 2-2-2A 所示的选区后，执行"选择"→"修改"→"扩展"命令，弹出"扩展选区"对话框，如图 2-2-2B 所示。在"扩展量"选项右侧的文本框中输入数值，单击"确定"按钮，即可按设置的参数对选区进行扩展，如图 2-2-2C 所示。

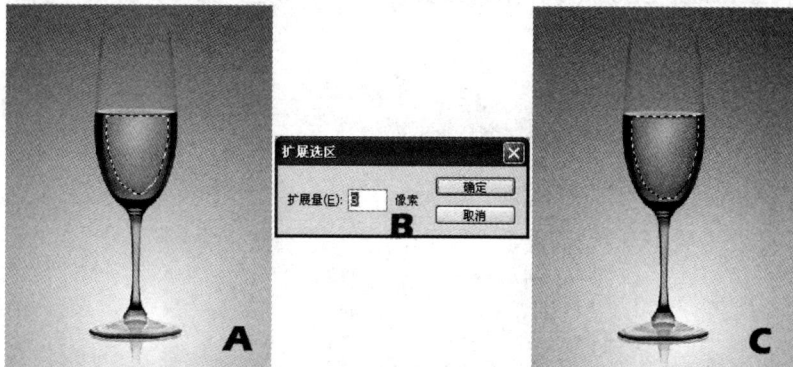

图 2-2-2　原选区与扩展后的选区

2．边界

运用"边界"命令相当于对选区进行相减操作，扩展后的选区减去收缩后的选区，便得到环状的选区。

3．收缩

"收缩"命令与"扩展"功能相反，运用该命令，可以按设置的像素值向内均匀地对选区进行收缩。

4．平滑

在使用魔棒工具和磁性套索工具创建选区时，所得到的选区往往呈现很明显的锯齿状，运用"平滑"命令，可使选区边缘变得更平滑一些。

5．羽化

对选区进行羽化处理，可以柔化选区边缘，产生渐变过渡的效果。执行"选择"→"羽化"命令，或按<Ctrl＋Alt＋D>组合键，在弹出的"羽化选区"对话框中设置"羽化半径"值，单击"确定"按钮，即可对选区进行羽化处理。

6．扩大选取

在 Photoshop 中，如果初步绘制的选区太小，没有全部覆盖需要选取的区域，那么可以利用"扩大选取"和"选取相似"命令来扩大选取范围。执行"选择"→"扩大选取"命令可以将图像窗口中原有选取范围扩大，该命令是将图像中与原选区颜色接近并且相连的区域扩大为新的选区，类似于在魔棒工具选项栏中选择了"连续的"复选框。颜色近似的程度是由魔棒工具选项栏中的"容差"决定的。

7．选取相似

执行"选择"→"选取相似"命令也可以将图像窗口中原有选取范围扩大，与"扩大选取"命令不同的是，该命令是将图像中所有与原选区颜色接近的区域扩大为新的选区。类似于在魔棒工具选项栏中取消选择"连续的"复选框。颜色近似的程度是由魔棒工具选项栏中的"容差"决定的。

【案例：产品商标】

1．创建新文件

(1) 启动 Photoshop CS6 软件，执行"文件"→"新建"命令，弹出"新建"对话框，具体设置如图 2-2-3 所示。

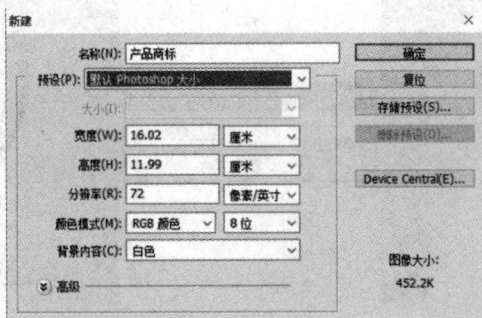

图 2-2-3　新建文件

(2) 单击 确定 按钮即可创建一个名为"产品商标"的新文件。

(3) 使用鼠标在标尺空白处单击并拖动，拉出两条参考线，如图 2-2-4 所示。

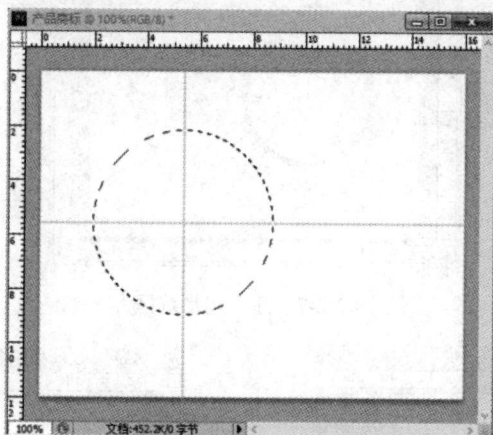

图 2-2-4 新建参考线和正圆选区

2．画圆环

(1) 单击"图层"面板的"创建新图层"按钮 ，即可创建一个新图层。

(2) 使用"椭圆选框工具" ，按住<Shift+Alt>组合键，用鼠标左键捕捉两条参考线的交点，按住鼠标左键定下圆心进行拖动，绘制一个以两条参考线的交点所在位置为圆心的正圆，如图 2-2-4 所示。

(3) 将前景色设为#f7b80e。执行"编辑"→"描边"命令，打开"描边"对话框，按图 2-2-5 所示设置参数，对选区进行居外描边，宽度为 8px，得一圆环，如图 2-2-6 所示。

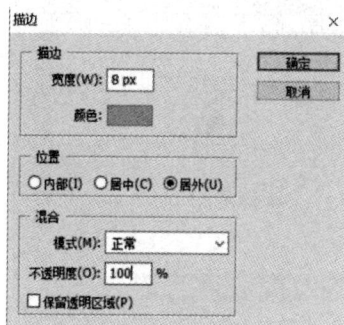

图 2-2-5 描边参数设置

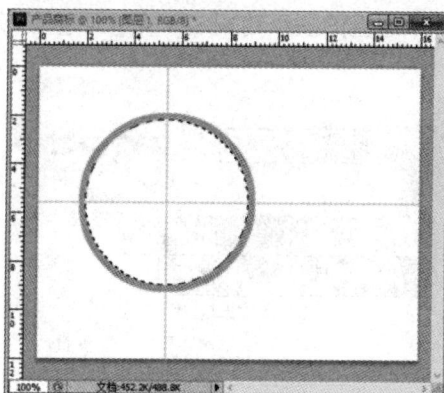

图 2-2-6 绘制圆环

3．制作 3 个扇形图形

(1) 使用"矩形选框工具" ，单击属性栏中的"从选区剪去"按钮 ，将左边和下边选区减去，在右上角得一扇形选区，如图 2-2-7 所示。

(2) 执行"选择"→"变换选区"命令，按住<Shift+Alt>组合键，用鼠标拖动控制柄，缩小选区，如图 2-2-8 所示。单击属性栏的"进行变换"按钮 ，确认变换，得到如图 2-2-9 所示选区。

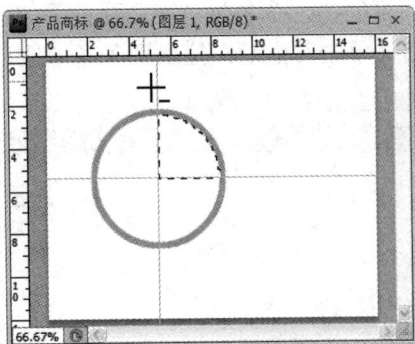

图 2-2-7　建立扇形选区

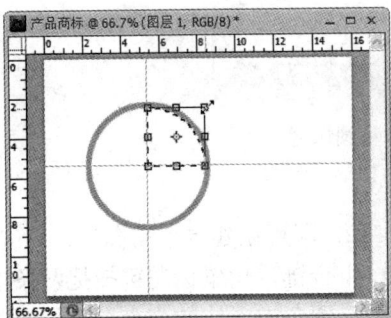

图 2-2-8　变换选区

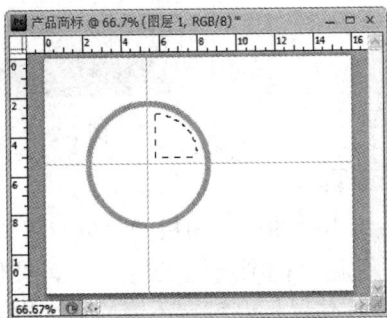

图 2-2-9　缩小选区

(3) 选择"渐变工具" ■，单击属性栏中的 ▭ 图标，在打开的"渐变编辑器"对话框中选择"色谱"渐变，再单击"角度渐变"按钮 ■，如图 2-2-10 所示。将光标移至选区内，并从选区的左下角向右下角水平拖动填充渐变色，效果如图 2-2-11 所示。

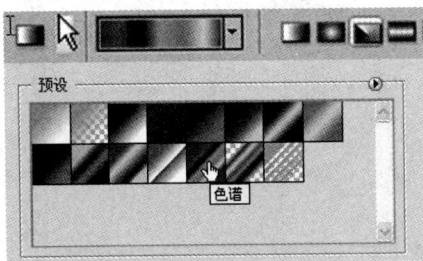

图 2-2-10　渐变编辑器预设

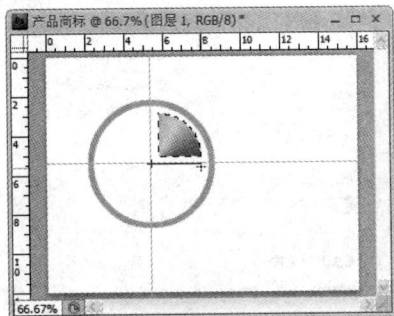

图 2-2-11　渐变填充

(4) 执行"选择"→"变换选区"命令，将旋转中心点移到参考线的交点所在位置。在属性栏"旋转角度"编辑框中输入"-90"，单击属性栏的"进行变换"按钮 ✓，确认变换，得到如图 2-2-12 所示选区。

(5) 选择"渐变工具" ■，按上述同样的设置，从选区的右下角向左下角水平拖动填充渐变色，效果如图 2-2-13 所示。以同样的方法，制得另一扇形图形，如图 2-2-14 所示。按<Ctrl+D>组合键取消选区。

4. 删除四分之一圆环

使用"矩形选框工具"，框选右下角部分的圆环，按 Del 键删除四分之一圆环，如图 2-2-15 所示。

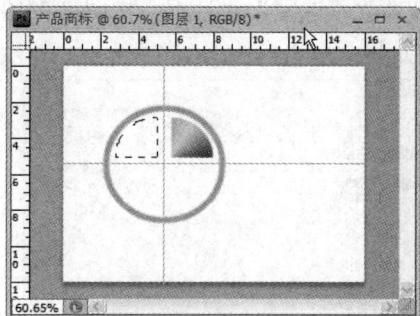

图 2-2-12 变换选区

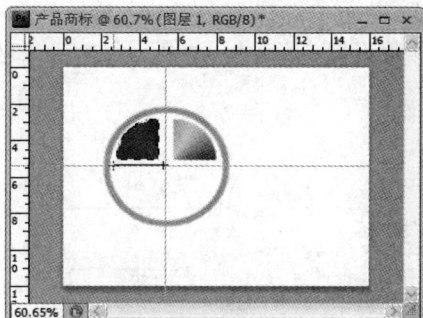

图 2-2-13 渐变填充

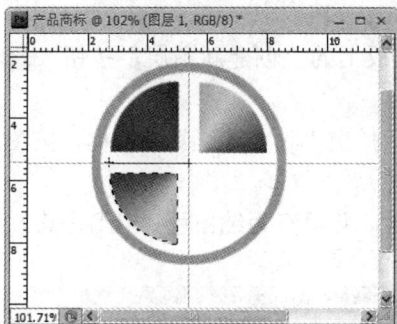

图 2-2-14 渐变填充

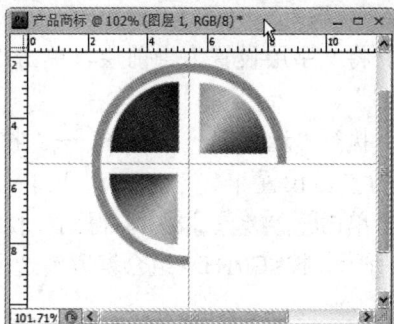

图 2-2-15 删除四分之一圆环

5. 制作文字效果

(1) 使用"横排文字工具"，输入华文行楷文字"美宝"，大小为 100 点，颜色为 #f3ed36，在"图层"面板中自动生成一个文字图层。按住 Ctrl 键，单击"图层"面板中"文字层"的缩略图，如图 2-2-16 所示，调出文字的选区。

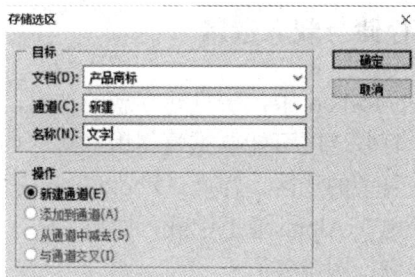

(2) 执行"选择"→"存储选区"命令，弹出"存储选区"对话框，按图 2-2-17 所示进行参数设置。单击 确定 按钮，即在"通道"面板中新增一个名为"文字"的 Alpha 通道。

图 2-2-16 调出文字的选区

图 2-2-17 存储选区

(3) 将"图层 1"设置为当前层，单击"图层"面板上的"创建新图层"按钮，新建"图层 2"。执行"选择"→"修改"→"扩展"命令，弹出"扩展选区"对话框，按

图 2-2-18 所示进行参数设置。

　　(4) 单击 ▭确定▭ 按钮，得到一扩展后的选区，并填充为橙色(#f7b80e)。按<Ctrl+D>组合键取消选区。

　　(5) 执行"选择"→"载入选区"命令，弹出"载入选区"对话框，按图 2-2-19 所示进行参数设置。单击 ▭确定▭ 按钮，即载入文字选区。

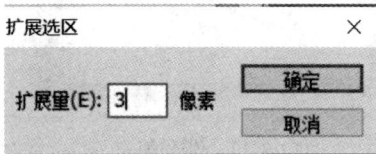

图 2-2-18　扩展选区　　　　　　　　　　　　　图 2-2-19　载入选区

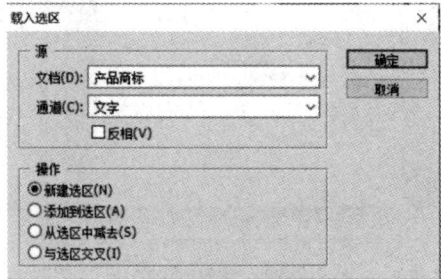

　　(6) 将文字层设置为当前层，单击"图层"面板上的"创建新图层"按钮 ▭，新建"图层 3"。

　　(7) 执行"选择"→"修改"→"收缩"命令，弹出"收缩选区"对话框，按图 2-2-20 所示进行参数设置

　　(8) 单击 ▭确定▭ 按钮，得到一收缩后的选区，并填充为纯白色(#ffffff)，其效果如图 2-2-21 所示。按<Ctrl+D>组合键取消选区。

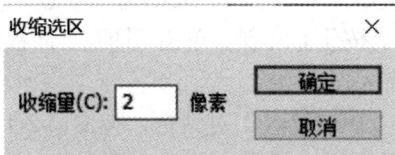

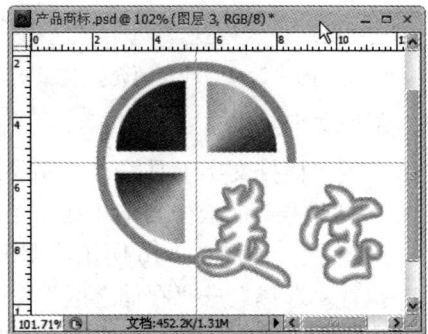

图 2-2-20　收缩选区　　　　　　　　　　　　　图 2-2-21　产品商标效果图

2.2.3　存储与载入选区

　　在 Photoshop 中，一旦建立新的选区，原来的选区便会自动取消，然而在图像编辑的过程中，有些选区可能要重复使用多次，如果每次都要进行重新选择，那样会很麻烦，特别是一些复杂的选区。为此，Photoshop 提供了 Alpha 通道供用户保存选区，下次需要时，只需轻松地在 Alpha 通道中载入即可。

　　【案例：圆锥体】

　　(1) 执行"文件"→"新建"命令，创建一个白色背景的文档，选择工具箱中的矩形选框工具，在图像窗口中创建一个矩形选区。

　　(2) 选择工具箱中的渐变工具，并在其选项栏中打开"渐变编辑器"对话框，在其中

编辑渐变方式，如图 2-2-22A 所示。

(3) 单击"确定"按钮关闭对话框，再在渐变工具选项栏中单击"线性渐变"按钮，选择"反向"复选框，然后在选区中从左向右拖动鼠标，应用渐变效果，如图 2-2-22B 所示。

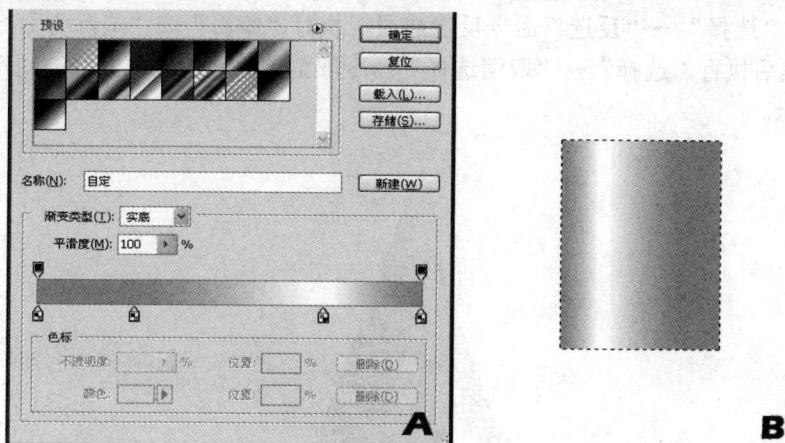

图 2-2-22 编辑渐变并填充渐变色

(4) 执行"编辑"→"自由变换"命令，在图像的四周显示控制框，如图 2-2-23A 所示。在控制框中单击鼠标右键，从弹出的快捷菜单中选择"透视"命令，然后将右上角的控制点向矩形正中间的位置拖动，如图 2-2-23B 所示。松开鼠标，得到如图 2-2-23C 所示的图像。

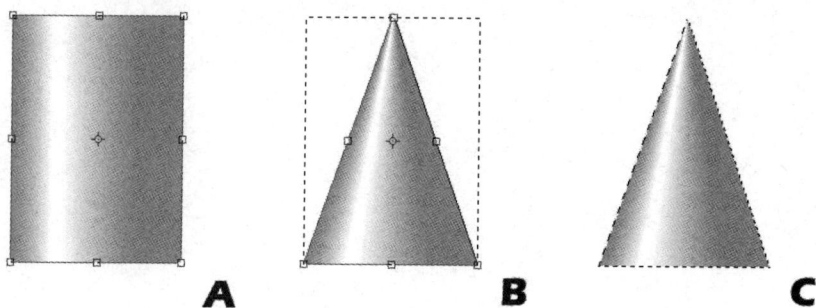

图 2-2-23 自由变换选区

(5) 选择工具箱中的椭圆选框工具，在图形的底部从左向右拖动来创建椭圆选区，并调整位置，如图 2-2-24A 所示。

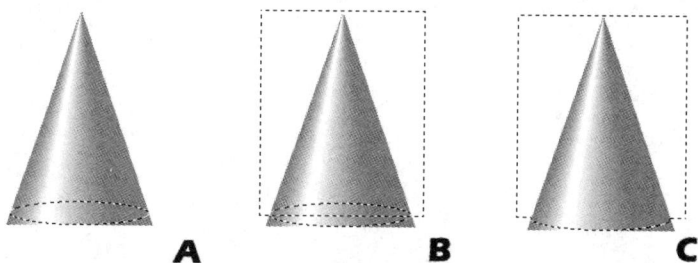

图 2-2-24 创建特殊的选区

(6) 选择工具箱中的矩形选框工具，并在其选项栏中单击"添加到选区"按钮，从左上方向右下方拖出一个矩形选框，与椭圆选框的水平轴两端点相重合，如图 2-2-24B 所示。松开鼠标即得到如图 2-2-24C 所示的选区。

(7) 执行"选择"→"反选"命令反选选区，执行"编辑"→"清除"命令删除选区中的内容，然后执行"选择"→"取消选择"命令取消选区，完成本案例的制作，效果如图 2-2-25 所示。

图 2-2-25　圆锥体

第三章　图像编辑工具

重点、难点分析

重点：

- 绘画工具的特性及使用技巧
- 颜色填充工具的使用方法
- 图像修饰工具的使用方法
- 图像编辑工具的使用方法

难点：

- 颜色填充工具的使用方法
- 图像修饰工具的使用方法

难度：★★

技能目标

- 了解绘画工具的特性，掌握使用绘画工具的技巧
- 掌握颜色填充工具的使用方法
- 掌握图像修饰工具的使用方法
- 掌握图像编辑工具的使用方法

德育目标

- 增强感受美、维护美的意识
- 增强爱护公物的意识
- 培养热爱家乡、关心家乡建设的理念

3.1　绘　图　工　具

Photoshop CS6 提供了强大的绘图工具，包括画笔工具、铅笔工具、擦除工具、渐变工具、油漆桶工具和修复工具等。这些绘图工具作为 Photoshop CS6 编辑操作时比较常用的工具，存放于工具箱的下拉列表框中。

在操作时只有被选择的工具才为显示状态，其他工具为隐藏状态，可以通过用鼠标右键单击来显示出所有工具。这些绘图工具拥有许多共同的特点，如任意一个绘图工具被选中时，在选项栏中将会显示相应工具参数，如混合模式、不透明度、绘画渐隐速率和压力等选项。此外，使用每个绘图工具绘制图形时，都需要选取绘图颜色、指定画笔大小等。

3.1.1　画笔工具

在 Photoshop CS6 工具箱中单击画笔工具按钮 ，或按快捷键<Shift+B>可以选择画笔工具，使用画笔工具可绘出边缘柔软的画笔效果，画笔的颜色为工具箱中的前景色。

画笔工具是绘图工具中较为重要及复杂的一款工具，其运用非常广泛，鼠绘爱好者可以用来绘画，日常使用中我们可以下载一些笔刷模板来装饰画面。画笔工具使用起来也不是很难。首先我们要学会一些属性设置，如设置画笔大小、硬度、不透明度、流量等，并能按自己的喜好调节出所需的画笔效果。

1."画笔工具"属性栏

"画笔工具"属性栏如图 3-1-1 所示。下面对其主要参数作简要介绍。

图 3-1-1　"画笔工具"属性栏

1) 画笔下拉面板

单击 按钮，在打开的下拉列表中调整 Photoshop CS6 画笔直径大小以及画笔大小，如图 3-1-2 所示。可选择预设的各种画笔，选择画笔后再次单击扩展按钮可将弹出式面板关闭。

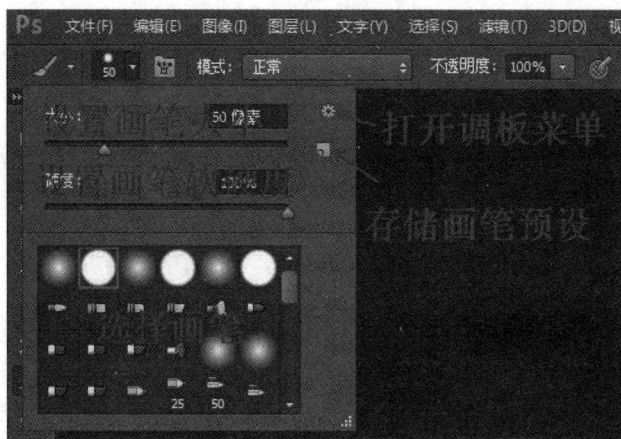

图 3-1-2　画笔下拉面板

2) "模式"

在"模式"后面的弹出式菜单中可选择不同的混合模式，即画笔的色彩与下面图像的混合模式，可根据需要从中选取一种。

3) "不透明度"

该选项用于设置 Photoshop CS6 画笔颜色的透明程度，取值在 1%～100%，取值越大，画笔颜色的不透明度越高。按下小键盘中的数字键可以调整画笔工具的不透明度。按下 10 时，不透明度为 10%；按下 50 时，不透明度为 50%；按下 100 时，不透明度会恢复为 100%。

4)　"流量"

此选项设置与不透明度有些类似，指画笔颜色的喷出浓度，不同之处在于不透明度是指整体颜色的浓度，而流量是指画笔颜色的浓度。

5)　"启用喷枪模式"

单击工具选项栏中的 图标，图标凹下去表示选中喷枪效果，再次单击图标，表示取消喷枪效果。

2. 载入画笔

在 Photoshop CS6 中，除了默认状态下的几种画笔外，系统还提供了更多的画笔，可以将其载入至"画笔"面板中，以便在设计中运用。载入画笔的操作方法有三种，分别如下：

(1)　单击"画笔"面板右侧的三角形按钮，在弹出的面板菜单中选择需要载入的画笔类型即可。

(2)　移动光标至图像窗口，在窗口中的任意位置处单击鼠标右键，弹出"画笔"面板，单击其右侧的三角形按钮，在弹出的面板菜单中选择所需载入的画笔类型即可。

(3)　按<F5>键，弹出"画笔"面板，单击其右侧的三角形按钮，在弹出的面板菜单中选择所需载入的画笔类型即可。

执行以上操作，均会弹出一个提示框，如图 3-1-3 所示，该提示框中主要按钮的含义如下：

确定：单击该按钮，表示在"画笔"面板中用载入的画笔替换原有的画笔。

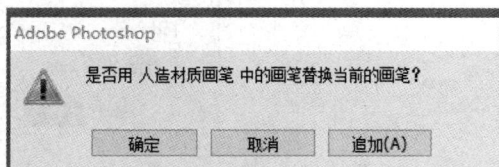

图 3-1-3　提示框

取消：单击该按钮，取消载入画笔操作。

追加：单击该按钮，表示在"画笔"面板中添加载入的画笔。

【案例：郁金香泡泡】

(1)　执行"文件"→"新建"命令，创建一个透明背景的文档，如图 3-1-4A 所示。选取画笔工具，打开"画笔预设"设定画笔主直径为 200px，硬度为 100%，如图 3-1-4B 所示。

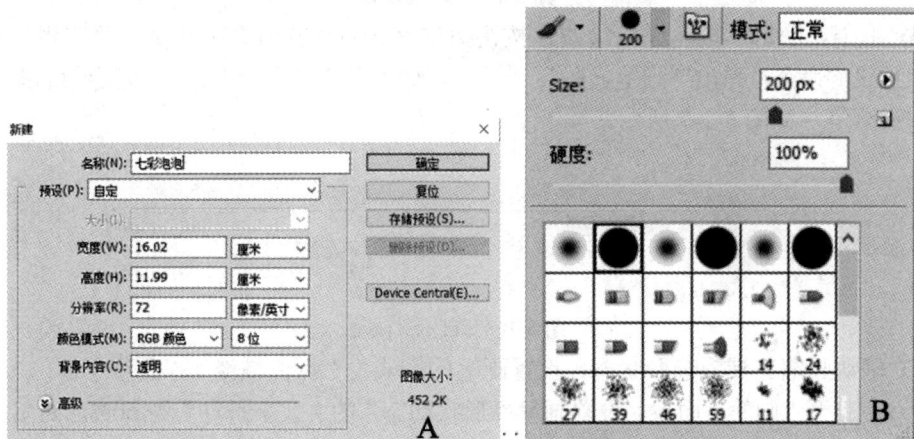

图 3-1-4　新建文件与画笔预设

(2) 执行"窗口"→"图层"命令，打开"图层"面板，单击"创建新图层"按钮，新建"图层 2"，并在该图层上绘制一个圆，将其不透明度设置为 40%，如图 3-1-5 所示。

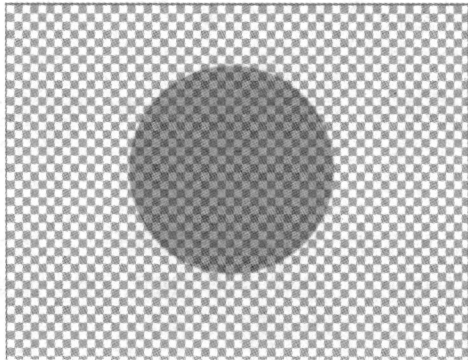

图 3-1-5　绘制圆

(3) 按住 Ctrl 键，在"图层"面板上单击"图层 2"的缩略图，建立与图 3-1-5 中圆等大的选区，单击"创建新图层"按钮新建"图层 3"，执行"编辑"→"描边"命令，在弹出的"描边"对话框中按图 3-1-6 所示进行设置。

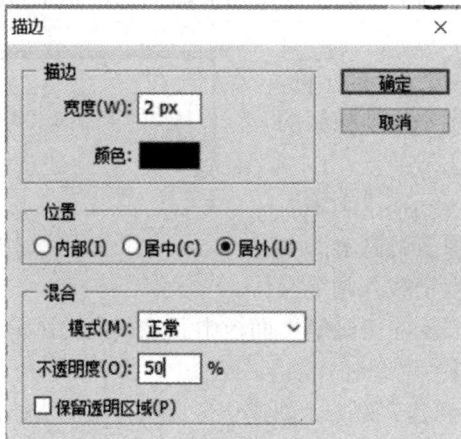

图 3-1-6　描边设置

(4) 单击"确定"按钮完成绘制，按快捷键<Ctrl+D>取消选区。执行"编辑"→"定义画笔预设"命令，弹出"画笔名称"对话框，输入名称"七彩泡泡"，把绘制的图像定义为自定义画笔，如图 3-1-7 所示。

图 3-1-7　自定义画笔

(5) 确认画笔工具为选取状态，设置画笔的模式为"颜色减淡"，执行"窗口"→"画笔"命令，打开"画笔"面板。设置画笔"形状动态"的"大小抖动"为 60%，如图 3-1-8A 所示；"散布"设置为 450%，如图 3-1-8B 所示；"不透明抖动"和"流量抖动"设置为 70%和 30%，如图 3-1-8C 所示。

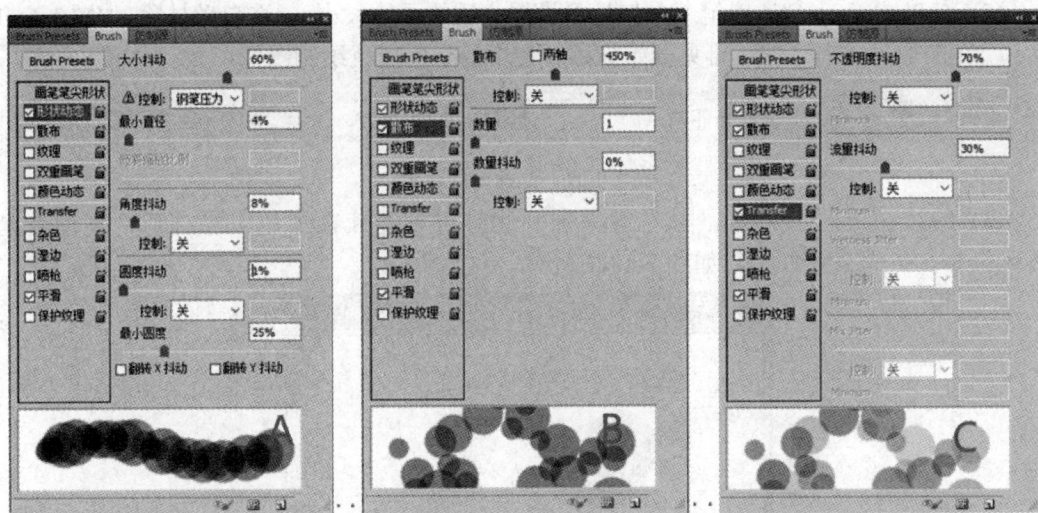

图 3-1-8　画笔笔尖形状设置

（6）执行"文件"→"打开"命令，打开本书配套素材文件"郁金香.jpg"，如图 3-1-9A 所示，单击"创建新图层"按钮新建图层，多次改变自定义画笔"七彩泡泡"的主直径和颜色，在新建图层中绘制多个不规则的透明彩色圆形，效果如图 3-1-9B 所示。

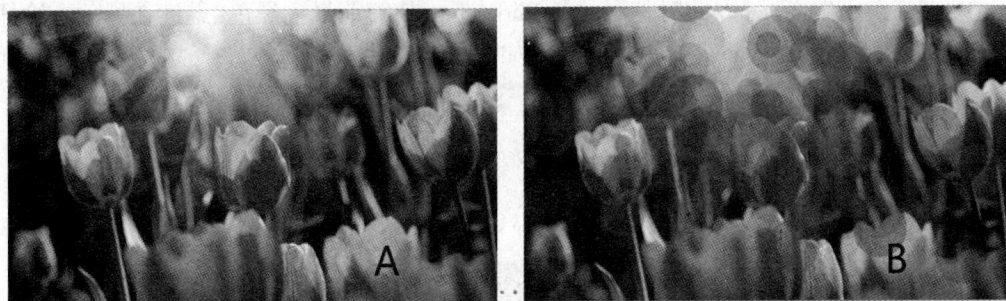

图 3-1-9　"郁金香泡泡"效果图

3.1.2　铅笔工具

使用 Photoshop CS6 铅笔工具可绘制出硬边的线条，如果是斜线，会带有明显的锯齿。绘制的线条颜色为工具箱中的前景色。在铅笔工具选项栏的弹出式面板中可看到硬边的画笔。如果我们把铅笔的笔触缩小到一个像素的时候，铅笔的笔触就会变成一个小方块，用这个小方块，我们可以很方便地绘制一些像素图形。铅笔工具选项栏中的选项与画笔工具很相似，只是多了一个"自动抹除"复选框，如图 3-1-10 所示。

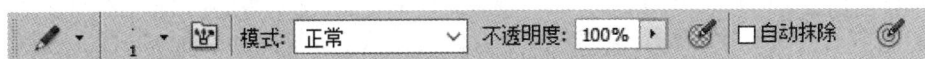

图 3-1-10　铅笔工具选项栏

【案例：自动抹除】

（1）设置 Photoshop CS6 工具箱前景色为黑色，背景色为红色。

（2）在 Photoshop CS6 铅笔工具属性栏设置合适的画笔大小，勾选自动抹除，如图 3-1-11 所示。在图像窗口中涂抹，可见开始拖移时使用前景色黑色绘制图像。

图 3-1-11　涂抹前的设置

（3）继续在黑色上单击鼠标左键涂抹，此时可见继续在黑色上涂抹后，使用的是 Photoshop CS6 背景色红色，如图 3-1-12 所示。

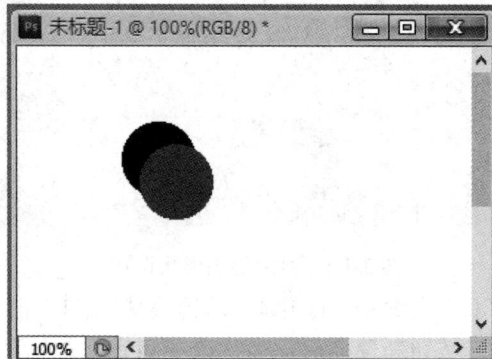

图 3-1-12　在黑色上涂抹

（4）在红色上继续涂抹，此时使用的是 Photoshop CS6 前景色黑色；继续在黑色上涂抹，此时使用的是背景色红色。交替涂抹，效果如图 3-1-13 所示。

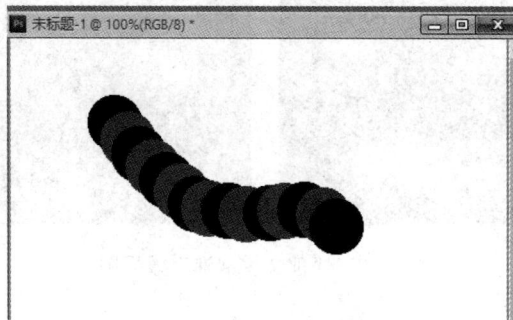

图 3-1-13　交替涂抹

3.1.3　橡皮擦工具

橡皮擦工具和现实中的橡皮擦的作用类似，用于擦除图像颜色，并在擦除的位置上填入背景色。选中该工具后，在图像中拖动即可擦除拖动操作所经过的区域。橡皮擦工具组中有三种擦除工具：橡皮擦工具、背景橡皮擦工具和魔术橡皮擦工具。

1．橡皮擦工具

选取工具箱中的橡皮擦工具，其工具属性栏如图 3-1-14 所示，主要选项含义如下。

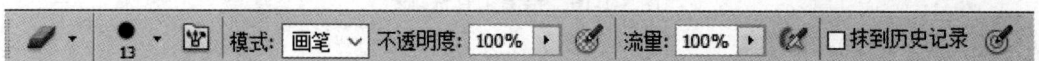

图 3-1-14　工具属性栏

模式：用于选择橡皮擦的笔触类型，可选择"画笔"、"铅笔"、"块"三种模式来擦除图像。

抹到历史记录：选中该复选框，橡皮擦工具就具有了历史记录画笔工具的功能，能够有选择性地恢复图像到某一历史记录状态，其操作方法与历史记录画笔工具相同。

橡皮擦工具的功能就是擦除颜色，但擦除后的效果可能会因所在的图层不同而有所不同。在普通层上擦除后，擦除的部分变为透明，如图 3-1-15 所示。如在背景层上擦除后，擦除的部分会显示出当前的背景色，如图 3-1-16 所示。

图 3-1-15　在普通层擦除　　　　　　　　图 3-1-16　在背景层擦除

2．背景橡皮擦工具

背景橡皮擦工具比橡皮擦工具更精确，可以指定擦除某种颜色，通过设置颜色容差值来控制所擦除颜色的范围，值越大擦除的颜色范围就越大，反之则越小。

背景橡皮擦工具属性栏如图 3-1-17 所示，其主要选项含义如下：

取样：用于指定背景橡皮擦工具的背景色样的取样方式，分别为：一次，即鼠标按下处的颜色为要擦除的颜色，可反复设置取样点；连续，连续取样，鼠标所到之处都会被擦除；背景色板，以背景色板中的颜色为要擦除的颜色，当在背景层上使用背景橡皮擦工具擦除时，会将背景层转换为普通层。

限制：用于设置背景橡皮擦工具的擦除方式。若选择"不连续"选项，可以擦除当前图像中与背景色相似的像素；若选择"连续"选项，则可以擦除与当前图像中背景色相邻的像素；若选择"查找边缘"选项，则可以擦除背景色区域。

容差：用于设置背景橡皮擦工具的擦除范围。

保护前景色：选中该复选框，在擦除图像时，与前景色颜色相近的像素将不会被擦除。

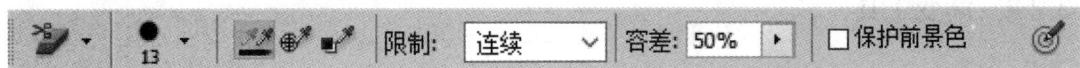

图 3-1-17　背景橡皮擦工具选项

3．魔术橡皮擦工具

魔术橡皮擦工具和背景橡皮擦工具有些类似，也可以设定容差来控制所要擦除的颜色范围，在背景层上使用该工具进行擦除时也会将背景层转换为普通图层，但比背景橡皮擦多了一个透明度的设置，可擦除透明的效果，如图 3-1-18 所示。

图 3-1-18　使用魔术橡皮擦工具擦除图像的前后效果对比

3.2　颜色填充工具

3.2.1　油漆桶工具

油漆桶工具可以对指定区域或选区填充颜色,但只对图像中颜色相近的区域进行填充。选取工具箱中的"油漆桶"工具，其工具属性栏如图 3-2-1 所示。

图 3-2-1　工具属性栏

该工具属性栏中主要选项的含义如下:

设置填充区域的源:在该下拉列表中可以选择用"前景"或"图案"进行填充。

模式:用于设置油漆桶工具在颜色填充时的混合模式。

不透明度:用于设置填充时色彩的不透明度。

容差:用于设置色彩的容差范围,容差范围越小,可填充的区域越小。

消除锯齿:选中该复选框,在填充颜色时会在边缘处进行柔化处理。

连续的:选中该复选框,会在相邻的像素上填充颜色,如果取消选中该复选框,图像在容差范围内的像素都可以填充颜色。

所有图层:选中该复选框,填充会作用于所有图层,反之,则只作用于当前图层。

3.2.2　渐变工具

Photoshop CS6 渐变工具用来填充渐变色,如果不创建选区,渐变工具将作用于整个图像。此工具的使用方法是按住鼠标左键拖曳,形成一条直线,直线的长度和方向决定了渐变填充的区域和方向,拖曳鼠标的同时按住 Shift 键可保证鼠标的方向是水平、竖直或45°。

在 Photoshop CS6 中,可以创建五种不同的渐变类型,即线性渐变、径向渐变、角度渐变、对称渐变和菱形渐变,如图 3-2-2 所示。

| 线性渐变 | 径向渐变 | 角度渐变 | 对称渐变 | 菱形渐变 |

图 3-2-2 各种渐变类型效果

选取工具箱中的"渐变"工具，其工具属性栏如图 3-2-3 所示，工具属性栏中主要选项的含义如下：

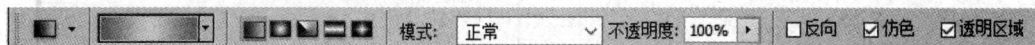

图 3-2-3 工具属性栏

模式：用于选择渐变时的混合模式。

不透明度：用于设置渐变时的不透明度。

反向：选中该复选框，可以将渐变色反转方向。

仿色：选中该复选框，可以添加颜色，使渐变过渡更加平顺。

透明区域：选中该复选框，可以得到透明效果。

单击工具属性栏中的"点按可编辑渐变"图标 ，弹出"渐变编辑器"对话框，如图 3-2-4 所示。可以在"预设"选项区中选择渐变色，也可以通过单击渐变色控制条中的色标(在渐变色控制条的下方单击鼠标左键，可增加色标)，并通过其下方的"颜色"选择按钮设置好渐变颜色，然后单击"确定"按钮即可。

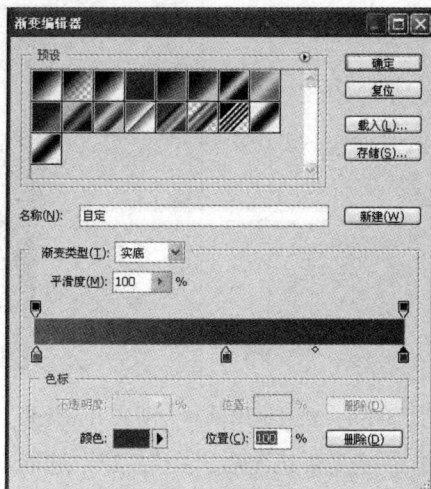

图 3-2-4 "渐变编辑器"对话框

【案例：企业 VI 指示牌】

(1) 执行"文件"→"新建"命令，新建一幅名为"企业 VI 指示牌"的图像文件，单击"图层"面板底部的"创建新图层"按钮，新建图层"图层 1"。选取工具箱中的多边形套索工具，移动光标至图像窗口，创建一个多边形选区，如图 3-2-5A 所示。

(2) 选取工具箱中的渐变工具，单击工具属性栏中的"点按可编辑渐变"图标，弹出"渐变编辑器"对话框,设置矩形渐变条下方的 3 个色标,从左到右分别为"洋红色"(CMYK

的参考值分别为 37、71、0、1)、"红色"(CMYK 的参考值分别为 21、98、0、9)和"深红色"(CMYK 的参考值分别为 47、100、44、5)，如图 3-2-5B 所示，单击"确定"按钮。

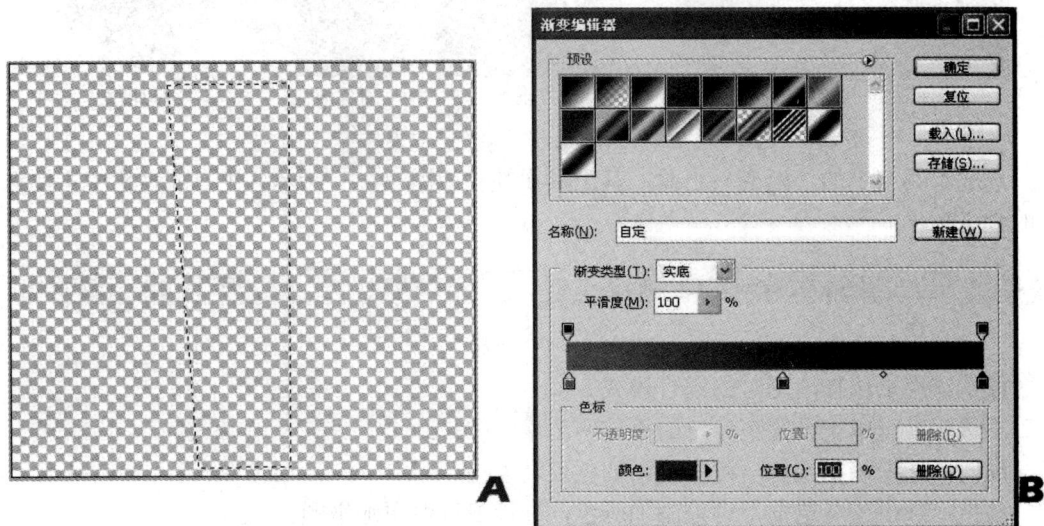

图 3-2-5　创建选区与"渐变编辑器"对话框

(3) 移动光标至创建的选区内，按住 Shift 键的同时单击鼠标左键并向下拖曳，绘制一条直线，如图 3-2-6A 所示，释放鼠标即可填充渐变颜色，按<Ctrl+D>组合键，取消选区，效果如图 3-2-6B 所示。

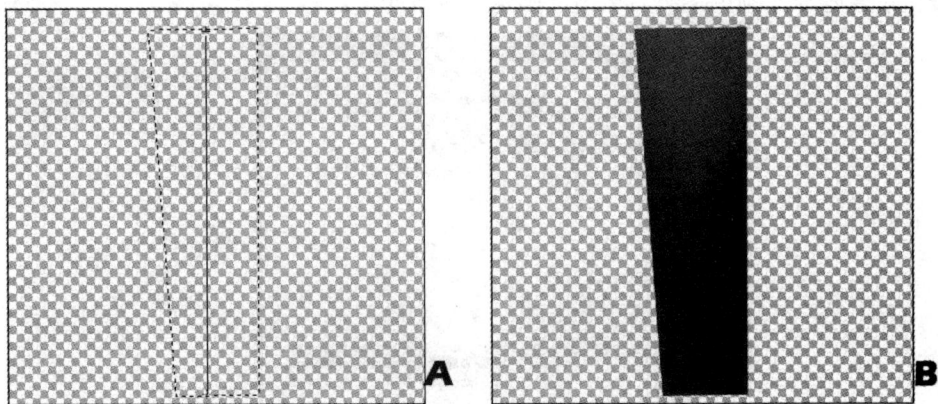

图 3-2-6　垂直拖曳鼠标与渐变填充效果

(4) 按<Ctrl+Shift+N>组合键，新建图层"图层 2"，选取工具箱中的矩形选框工具，移动光标至图像窗口，单击鼠标左键并拖曳，创建一个矩形选区，如图 3-2-7A 所示。

(5) 选取工具箱中的渐变工具，单击工具属性栏中的"点按可编辑渐变"图标，弹出"渐变编辑器"对话框，设置矩形渐变条下方的两个色标，从左到右分别为"黄色"和"橙色"，CMYK 的参考值分别为(1、6、10、0)，(10、88、100、0)，单击"确定"按钮。

(6) 移动光标至图像窗口，在创建的选区内，按住<Shift>键的同时，单击鼠标左键并拖曳，绘制一条直线，填充渐变颜色。执行"选择"→"取消选择"命令，取消选区后，图像效果如图 3-2-7B 所示。

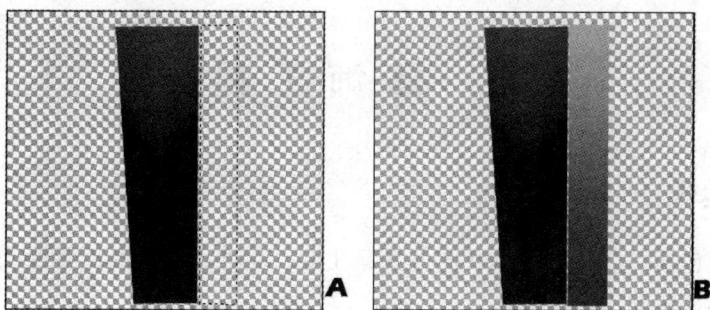

图 3-2-7　创建的矩形选区与渐变填充效果

(7) 单击工具箱中的"设置前景色"图标，弹出"拾色器"对话框，设置 CMYK 的参考值分别为(62、100、65、51)，单击"确定"按钮。

(8) 按<Ctrl＋Shift＋N>组合键，新建"图层 3"图层，选取工具箱中的"多边形套索"工具，单击属性栏"添加到选区"按钮，然后在图像窗口中创建一个如图 3-2-8A 所示的选区。

图 3-2-8　创建的选区与素材

(9) 选取工具箱中的油漆桶工具，移动光标至图像窗口中创建的选区内，单击鼠标左键，填充前景色，然后按<Ctrl＋D>组合键，取消选区。

(10) 在前面绘制图像的基础上，添加素材文件"VI 设计.psd"，如图 3-2-8B 所示，再添加文字，最终效果如图 3-2-9 所示。

图 3-2-9　【案例：企业 VI 指示牌】

3.3 修 饰 工 具

3.3.1 图章工具

图章工具组包括仿制图章工具和图案图章工具，主要用于复制原图像的部分细节，以弥补图像在局部显示的不足之处。

1. 仿制图章工具

仿制图章工具主要用于修复图像、复制图像或进行图像合成。选择仿制图章工具之后，按住<Alt>键在图像中单击鼠标，可以设置取样点，然后在图像的另外位置上拖动鼠标，就可以复制图像。如果是在另外一幅图像中拖动鼠标，则可以创建合成效果。如图 3-3-1 所示，就是使用仿制图章工具后的修复效果。

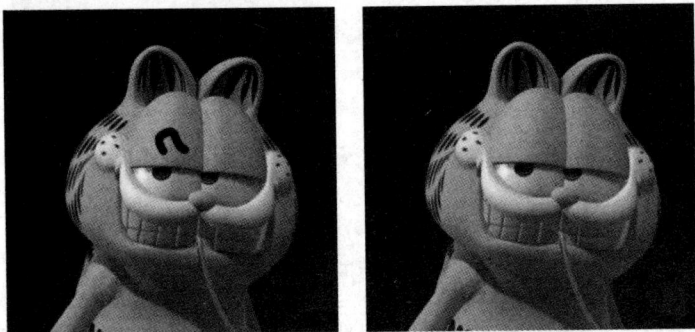

图 3-3-1　修复效果

选取工具箱中的仿制图章工具，在工具属性栏中，设置各项参数如图 3-3-2 所示。该工具属性栏中主要选项的含义如下：

对齐：选中该复选框，在复制图像时，不论执行多少次操作，每次复制时都会以上次取样点的最终移动位置为起始进行图像复制，以保持图像的连续性，否则在每次复制图像时，都会以第一次按<Alt>键取样时的位置为起点进行图像复制，因而会造成图像的多重叠加效果。

对所有图层取样：选中该复选框，在取样时会作用于所有显示的图层，否则只对当前工作图层生效。

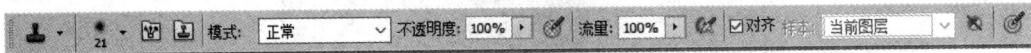

图 3-3-2　仿制图章工具属性栏

2. 图案图章工具

Photoshop CS6 图案图章工具有点类似图案填充效果，使用工具之前我们需要定义好想要的图案，适当设置好 Photoshop CS6 属性栏的相关参数，如笔触大小、不透明度、流量等，然后在画布上涂抹就可以出现想要的图案效果。绘出的图案会重复排列。如图 3-3-3 所示，就是使用图案图章工具修复前后的效果。

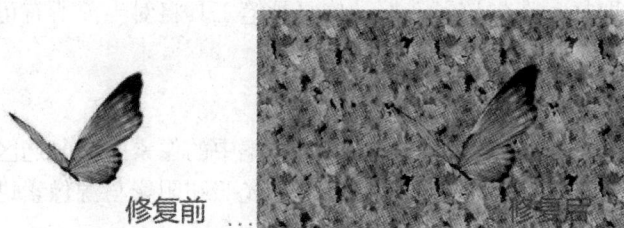

修复前   修复后

图 3-3-3 源图和修复之后的效果

3.3.2 修复工具

修复工具组中包含 4 种用于修复图像上的划痕、污迹、褶皱或其他瑕疵的工具，分别为修复画笔工具、修补工具、红眼工具和污点修复画笔工具。其中修复画笔工具是使用橡皮图章工具的原理对图像进行修复；修补工具则是利用图像的某一区域替换另一区域的方法修复图像；红眼工具则是设置修正红眼的尺寸以及黑度；污点修复画笔工具使用的时候非常方便，只需在工具箱中选择该工具，然后在需要修复处拖动擦除即可。

1. 修复画笔工具

修复画笔工具可用于校正瑕疵，其使用方法和仿制图章工具一样，区别就在于使用修复画笔工具时，复制过来的图像会根据当前被覆盖点的颜色深浅进行相应的调节，所以非常适合皮肤修饰及光线明暗度较明显的场合使用。比如若要消除下图老人脸上的皱纹，就需要选择修复画笔工具，按住<Alt>键在老人脸上皮肤光滑处取样，再到皱纹处涂抹。注意：取样处要求是皱纹处临近的光滑皮肤。按照同样的方法重复进行操作，直到皱纹部分全部消除。源图和使用修复画笔后的图如图 3-3-4A 和图 3-3-4B 所示。

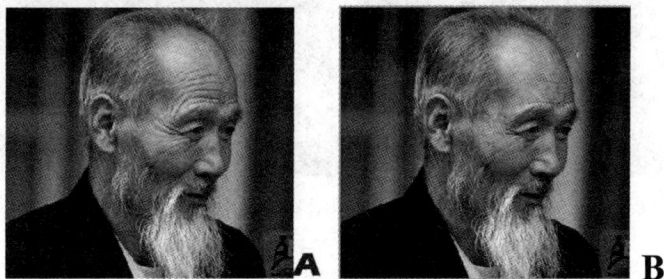

图 3-3-4 源图和修复之后的效果

选取工具箱中的修复画笔工具，其工具属性栏如图 3-3-5 所示。

图 3-3-5 修复画笔工具属性栏

该工具属性栏中主要选项的含义如下：

画笔：用于设置选择的画笔。

模式：用于设置色彩模式。

源：用于设置修复画笔工具复制图像的来源。选中"取样"单选按钮，表示在图像窗口中创建取样点；若选中"图案"单选按钮，表示使用 Photoshop CS6 提供的图案来取样。

对所有图层取样：选中该复选框，修复画笔工具将对当前所有可见图层生效；若取消选中该复选框，则只对当前工作图层生效。

2. 修补工具

通过运用修补工具，可以用其他区域或图案中的像素来修复选区内的图像。与修复画笔工具一样，修补工具会将样本像素的纹理、光照和阴影与源像素进行匹配。选取工具箱中的修补工具，其工具属性栏如图 3-3-6 所示。

图 3-3-6　修补工具属性栏

该工具属性栏中主要选项的含义如下：

源：选中该单选按钮，如果将源图像区域拖至目标区，则源区域的图像被目标区域图像覆盖。

目标：选中该单选按钮，表示将选定的区域作为目标区，用其覆盖其他区域。

使用图案：单击该按钮，将用选定图案覆盖选定的区域。

例如要去除某些图上不必要的文字时，如图 3-3-7A 所示，就需要使用修补工具，在工具属性栏中选中"源"单选按钮并取消选中"透明"复选框，然后移动光标至图像窗口，在窗口中的文字部分鼠标单击左键并拖曳，创建一个要删除文字的选区，再使用鼠标拖曳选区到无字的图画部分，释放鼠标后，即可完成修补操作，按<Ctrl+D>组合键，取消选区，最终图像效果如图 3-3-7B 所示。

图 3-3-7　源图和修复之后的效果

3. 红眼工具

红眼工具使用起来非常简单，只需要在眼睛上单击鼠标，即可修正红眼。选取红眼工具后，其工具属性栏如图 3-3-8 所示，使用该工具可以调整瞳孔大小和暗部数量，该工具属性栏中主要选项的含义如下：

瞳孔大小：用于设置红眼中瞳孔的大小。

变暗量：用于设置红眼中红色像素变暗的程度。

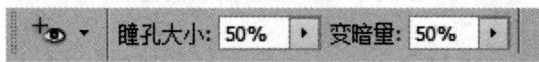

图 3-3-8　红眼工具属性栏

4. 污点修复画笔工具

污点修复画笔工具是 Photoshop 中的一个重要的修饰工具，使用它可以快速地除去图像中的瑕疵和其他刮痕。但污点修复画笔工具不同于修复画笔工具，在使用该工具之前，不需要对图像进行取样，直接在需要修复的图像上单击鼠标左键并拖曳，即可完成修复。

选取工具箱中的污点修复画笔工具，其工具属性栏如图 3-3-9 所示。

图 3-3-9　污点修复画笔工具属性栏

该工具属性栏中主要选项的含义如下：

近似匹配：选中此单选按钮，将自动从所修饰区域的周围进行像素取样，将样本像素与所修复的像素相匹配，以达到自然修复的效果。

创建纹理：在修复的图像区域中将产生纹理的效果。

【案例：竹子的心伤】

(1) 打开素材"竹子.jpg"，复制图层，然后对副本进行操作，如图 3-3-10 所示。

图 3-3-10　导入素材

(2) 观察图片，发现刻写的文字区域都比较大，适合用修补工具，而有些笔画和一些细节可用污点修复画笔工具来处理。

(3) 首先来处理比较大的笔画，点击污点修复画笔工具，设置笔触为"21"，移动到笔画的左边按住左键向右拖动，如图 3-3-11 所示。松开左键，效果如图 3-3-12 所示，发现刚选择区域内的笔画没有了。

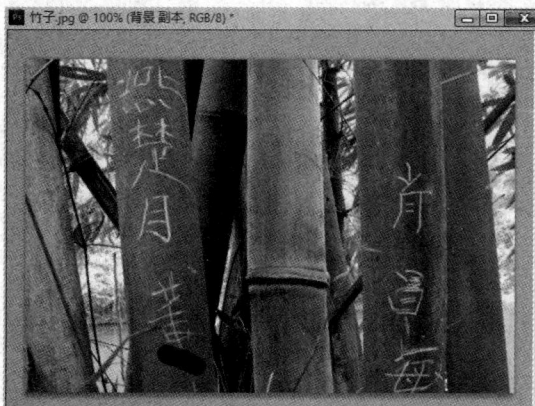

图 3-3-11　利用污点修复画笔工具进行修补

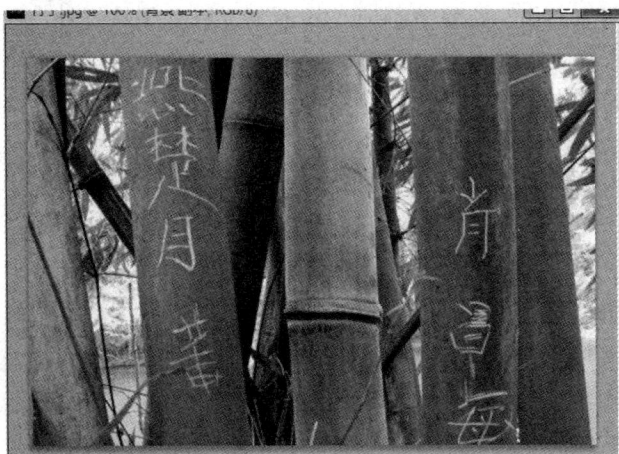

图 3-3-12　修补后的效果

(4) 利用污点修复画笔工具把一些挡在前面的枝条和大的笔画处理好。

小助手提醒：有的时候，拖动很长的区域后，效果会不理想，这时需要通过不断点击鼠标来进行修补。

(5) 要处理文字区域了，这时使用"修补"工具。

(6) 选择"修补"工具，在工具栏中选择"源"，点击"新选区"按钮，如图 3-3-13 所示。

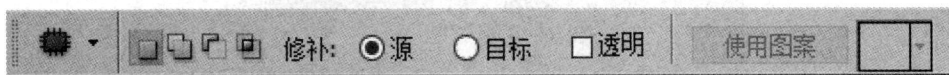

图 3-3-13　设置"修补"工具属性

(7) 移动鼠标，定位到中间竹子区域，拖动鼠标画出一个选区来，这是准备用来覆盖需修补区域的。

(8) 拖动选区，移动到"肖"字上面，如图 3-3-14 所示，松开左键，效果如图 3-3-15 所示。

图 3-3-14　拖动选区

图 3-3-15　修补后的效果

(9) 按照同样方法，把文字都擦除掉。最后效果如图 3-3-16 所示。

图 3-3-16　最后效果图

3.3.3　图像修饰工具

图像修饰工具包括模糊工具、锐化工具、涂抹工具，这三个工具可以对图像的细节进行局部的修饰，它们的使用方法都和笔刷工具类似，我们分别来看一下它们的使用效果。

1. 模糊工具

模糊工具是一种通过笔刷的绘制，使图像局部变得模糊的工具。它的工作原理是通过降低像素之间的反差，使图像产生柔化朦胧的效果。在图像上涂抹，使图像模糊，可以起到柔和边界或区域、平缓过渡颜色的作用，以减少细节。

使用模糊工具，在工具栏选项中设置合适的画笔直径和模式。设置好之后，在图像中拖动鼠标，经过需要模糊的部分，这样就可以达到模糊的效果，如图 3-3-17 所示。还可以在工具选项栏中设置绘画模式、描边强度。

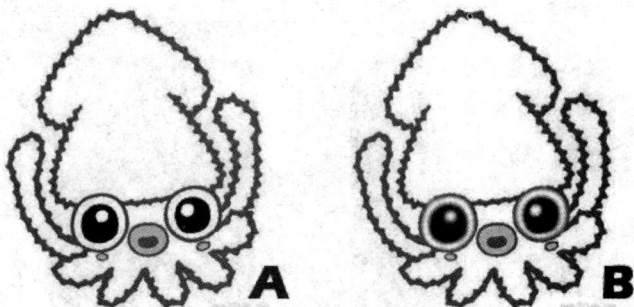

图 3-3-17　源图和模糊图像

2. 锐化工具

锐化工具与模糊工具相反,它是一种可以让图像色彩变得锐利的工具,可聚焦软边缘,以提高清晰度或聚焦程度,也就是增强像素间的反差,提高图像的对比度。

使用锐化工具,在工具栏选项中设置合适的画笔直径和模式。设置好之后,在图像中拖动鼠标,经过需要锐化的部分,这样就可以达到锐化的效果,如图 3-3-18A 所示。还可以在工具选项栏中设置绘画模式、描边强度。

3. 涂抹工具

涂抹工具可以模仿我们用手指在湿漉漉的图像中涂抹,得到很有趣的变形效果。涂抹工具的工具属性栏与模糊工具和锐化工具的属性栏基本相同,只是涂抹工具的工具属性栏中多了一个"手指绘画"复选框,表示将使用前景色进行涂抹。该工具使用时先选取笔触开始位置的颜色,然后沿移动的方向扩张,效果如图 3-3-18B 所示。

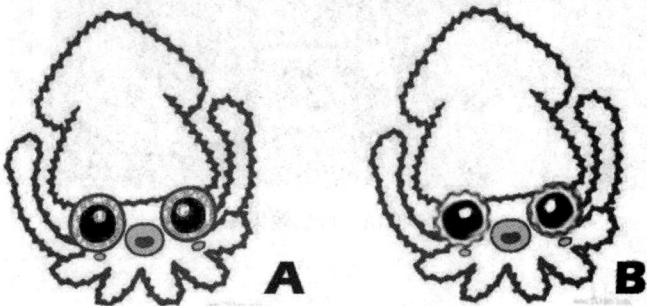

图 3-3-18　锐化图像与涂抹图像

3.3.4　色彩修饰工具

色彩修饰工具包括减淡工具、加深工具、海绵工具。减淡工具和加深工具用于改变图像的亮调与暗调,原理来源于胶片曝光显影后,经过部分暗化和亮化以改善曝光效果。海绵工具可以精细地改变某一区域的色彩饱和度。在灰度模式中,海绵工具通过将灰色阶远离或移到中灰来增加或降低对比度。使用减淡工具可以使图像局部变得越来越亮,加深工具则相反,海绵工具可以对图像进行加色或去色。这三个工具都可以对图像的细节进行局部的修饰,使图像得到细腻的光影效果。

1. 减淡工具

减淡工具主要用于改变图像的暗调，其原理是模拟胶片曝光显影后，通过部分暗化来改善曝光效果，效果如图 3-3-19 所示。

修复前　　　　　　　　　　　　修复后

图 3-3-19　减淡的图像

选取工具箱中的减淡工具，其工具属性栏如图 3-3-20 所示，该工具属性栏主要选项含义如下：

范围：用于设置减淡工具所用的色调，其中"暗调"是指只作用于图像的暗调区域，中间调是指只作用于图像的中间调区域。

曝光度：用于设置曝光的强度。

图 3-3-20　减淡工具属性栏

2. 加深工具

加深工具主要用于改变图像的亮调，其原理是模拟胶片曝光显影后，通过部分亮化来改善曝光效果。下面运用加深工具将图 3-3-21A 中的水果颜色加深。由于图片中的水果在拍摄的过程中曝光过度，因此需要将其颜色变暗。选择加深工具，在工具栏选项中设置"画笔直径""范围""曝光度"，然后在图像中需要加深的地方单击鼠标，这样就可以达到加深的效果，如图 3-3-21B 所示。

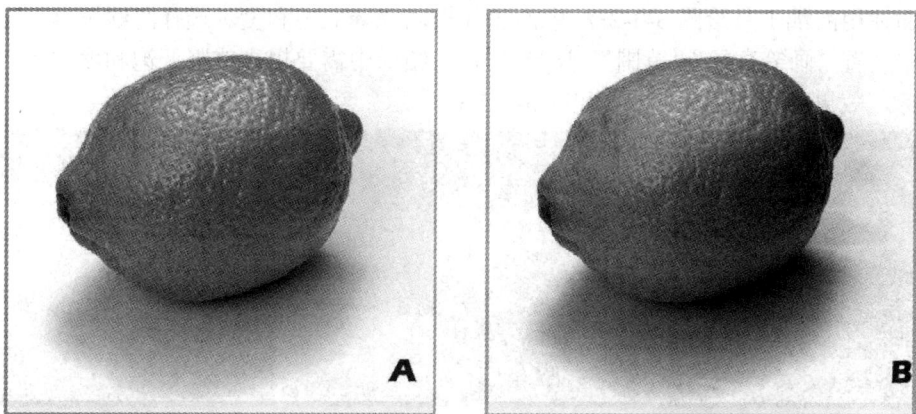

图 3-3-21　图像加深

【案例：立体数字】

(1) 执行"文件"→"新建"命令，新建一个白色背景的图像文件，单击"图层"面板底部的"创建新图层"按钮，新建图层"图层 1"。

(2) 选择文字工具，输入数字 6，设置文字的字体为黄色，字号大小如图 3-3-22A 所示。

(3) 选择文字图层，执行"图层"→"栅格化"→"文字"命令，得到普通图层"6"。复制此图层得到图层"6 副本"，移动此图层到图层"6"的下方。为做出有厚度的立体效果，把图层"6 副本"数字颜色填充为深黄色，如图 3-3-22B 所示。

(4) 按住<Ctrl>键单击图层面板中的缩略图，载入图层"6"的选区，单击"选择"→"修改"→"收缩"命令，在弹出的对话框中设置收缩量为 3 像素。

(5) 单击"图层"面板底部的"创建新图层"按钮，新建图层"图层 1"，在选区内填充浅黄色，如图 3-3-22C 所示。

(6) 使用减淡工具在图层"6 副本"上部涂抹，使用加深工具在图层"6 副本"相应的阴影部分进行涂抹，制作出光线照射的效果(注意：工具选项中"画笔硬度"设为 0%)，最终的效果如图 3-3-22D 所示。

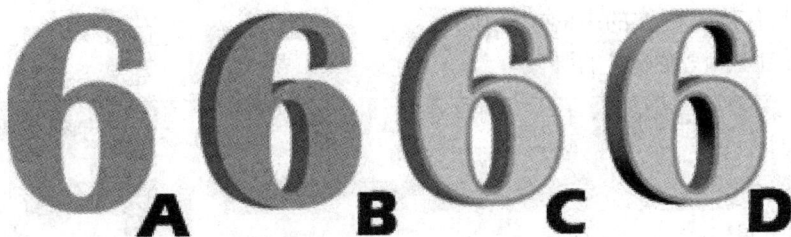

图 3-3-22 【案例：立体数字】

3. 海绵工具

海绵工具用于调整图像色彩的饱和度。它通过提高(加色)或降低(减色)色彩的饱和度，达到修正图像色彩偏差的效果。在灰度模式中，海绵工具通过将灰色阶远离或移到中灰来增加或降低对比度。

下面使用海绵工具给图 3-3-23A 中的船体提高或降低饱和度。选择海绵工具，在工具栏选项中设置"画笔直径""范围""曝光度"，在图像中需要提高或降低饱和度的地方多次单击鼠标，效果分别如图 3-3-23B 和图 3-3-23C 所示。

图 3-3-23　使用海绵工具的效果

【案例：青山绿水稻草人】

(1) 按<Ctrl + N>组合键，打开"新建"对话框，按图3-3-24所示进行设置。

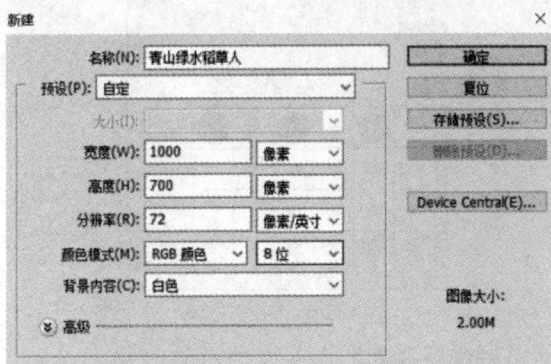

图3-3-24　新建文件

(2) 选择"渐变工具"，设置前景色RGB(90, 97, 249)和背景色RGB(208, 228, 251)，如图3-3-25所示。

(3) 打开"渐变编辑器"，选择"前景到背景"渐变，如图3-3-26所示。

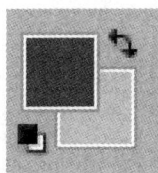

图3-3-25　设置颜色　　　　　　图3-3-26　渐变编辑

(4) 选择"线性渐变"，移动鼠标，从上往下拖动，效果如图3-3-27所示。

图3-3-27　建立渐变背景

(5) 使用画笔工具绘制白云。选择"画笔"工具，设定好笔刷大小，硬度设置为"0"，前景色设置为白色，如图3-3-28所示。

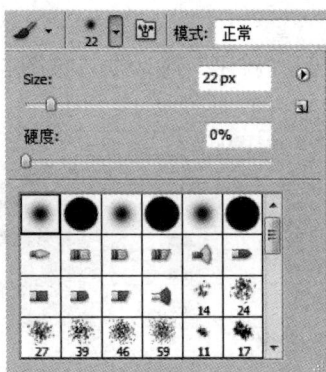

图 3-3-28 画笔设置

(6) 新建图层，在新图层中绘制如图 3-3-29 所示的白云。

图 3-3-29 绘制白云

(7) 选择套索工具，绘制如图 3-3-30 所示的选区，形成山的轮廓。

图 3-3-30 创建山的选区

(8) 按图 3-3-31 所示颜色 RGB(35, 64, 12)填充山的选区。

图 3-3-31 填充颜色

(9) 为了使山有立体感，可通过加深/减淡工具来实现。选择加深工具，设定好笔刷大小，在图上涂抹，效果如图 3-3-32 所示。

图 3-3-32　进行加深/减淡操作

(10) 运用上述方法新建图层，绘制第二座山峰，效果如图 3-3-33 所示。

图 3-3-33　绘制第二座山峰

(11) 选择"画笔"工具，在笔刷里选择"枫叶"笔刷，颜色参考值 RGB(244，44，39)，新建图层，在画面上绘制出枫叶来，如图 3-3-34 所示。

图 3-3-34　绘制枫叶

(12) 选择小草笔刷，设置好笔刷大小，设置好前景色，新建图层，在图上拖动，效果如图 3-3-35 所示。

图 3-3-35　绘制小草

(13) 打开素材"稻草人.jpg"，抠出稻草人，拖动到新文件中，调整大小并摆放好位置，效果如图 3-3-36 所示。

图 3-3-36　最终效果图

第四章　图层与蒙版

重点、难点分析

重点：

- 图层面板以及图层的类型
- 图层的编辑方法
- 图层效果和样式以及图层的模式应用
- 使用蒙版功能合成图像

难点：

- 使用蒙版功能合成图像

难度：★★★

技能目标

- 熟悉图层面板以及图层的基本操作
- 掌握图层的编辑方法等
- 掌握图层效果和样式以及图层的模式应用
- 掌握使用蒙版功能合成图像

德育目标

- 增强读者对航天事业的热爱之情
- 培养读者的爱国主义精神

4.1　图层基础知识

图层是 Photoshop 重要的功能之一，它是整个图像处理的基石，几乎所有的图像效果都是以图层为依托的。图层功能的加入大大拓展了设计师的思维，丰富了设计师的手法，便于设计师创造出更加绚丽梦幻的效果。在 Photoshop 中，图层相当于一张透明的绘图纸，将图像的各部分绘制在不同的图层上，透过这层纸，可以看到纸后面的东西，而且无论在这层纸上如何涂画，都不会影响到其他图层中的图像。

图层具有以下三个特性：

独立：图像中的每个图层都是独立的，当移动、调整或删除某个图层时，其他的图层不受任何影响。

透明：图层可以看作透明的胶片，未绘制图像的区域可查看下方图层的内容，将众多的图层按一定顺序叠加在一起，便可得到复杂的图像。

叠加：图层由上至下叠加在一起，并不是简单的堆积，而是通过控制各图层的混合模式和选项之后叠加在一起的，这样可以得到千变万化的图像合成效果。

4.1.1　图层面板

图层面板是进行图层编辑操作时必不可少的工具，它显示了当前图像的图层信息，从中可以调节图层叠放顺序、图层不透明度以及图层混合模式等参数，几乎所有的图层操作都可通过它来实现，如图 4-1-1 所示。

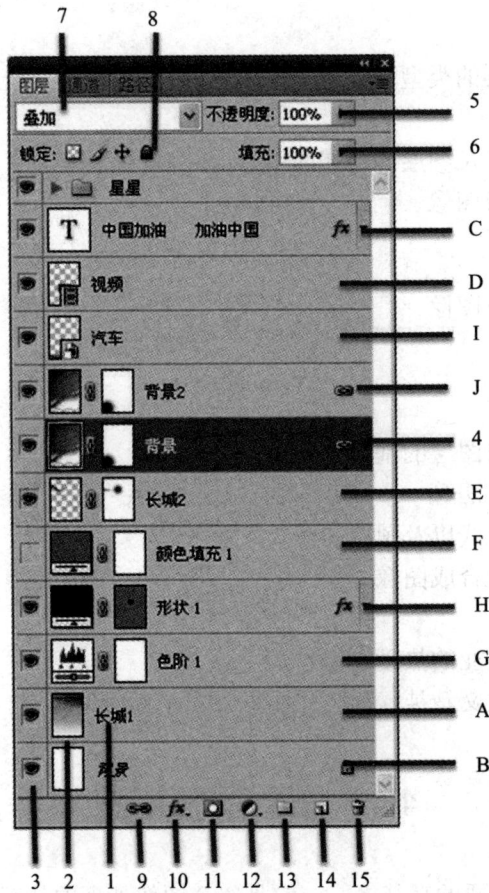

图 4-1-1　图层面板

图层面板中各组成部分的含义如下：

1——图层名称：每个图层都要定义不同的名称，以便区分。如果在新建图层时没有命名，Photoshop CS6 会自动依序命名为"图层 1""图层 2""图层 3"，依次类推。

2——图层缩览图：在图层名称的左侧有一个图层缩览图，其中显示当前图层中的图像的缩览图，通过它可以迅速辨识每一个图层。当对某图层中的图像进行编辑修改时，其对应的图层缩览图的内容也会随着发生改变。

3——指示图层可视性图标：用于显示或隐藏图层。当不显示该图层时，表示这一图层中的图像将被隐藏，反之则表示显示这一图层中的图像。用鼠标单击该图标，可以切换显示或隐藏图层。

4——当前工作图层：在面板中，以蓝颜色显示的图层表示其正在被修改或编辑，称为当前工作图层。一幅图像只有一个当前工作图层，并且许多编辑命令只能对当前工作图层有效。若要切换当前工作图层，只需要用鼠标单击图层的名称或缩览图即可。

5——不透明度：用于设置图层的总体不透明程度。当选择不同的工作图层时，不透明度也会随之切换为当前工作图层的设置值。

6——填充：用于设置图层内部的不透明程度。

7——图层混合模式：在其右侧的下拉列表中可以选择不同的混合模式，以决定当前工作图层中的图像与其他图层混合在一起的效果。

8——锁定：在该选项组中可以指定需要锁定的图层内容，其选项有"锁定透明像素""锁定图像像素""锁定位置"和"锁定全部"。

9——"链接图层"按钮：选中多个图层，单击该按钮，即可创建图层链接，也可以取消当前图层链接。

10——"添加图层样式"按钮 ：在图层面板中选择一个当前工作图层，单击该按钮，弹出面板菜单，从中可选择一种样式应用于当前工作图层。

11——"添加图层蒙版"按钮：单击该按钮，可以为当前工作图层创建一个图层蒙版。

12——"创建新的填充或调整图层"按钮：单击该按钮，弹出面板菜单，从中可创建一个填充图层或调整图层。

13——"创建新组"按钮：单击该按钮，可以创建一个新图层组。

14——"创建新图层"按钮：单击该按钮，可以创建一个新图层。

15——"删除图层"按钮：单击该按钮，可删除当前工作图层，或者直接将图层拖曳至该按钮处，也可删除该图层。

4.1.2 图层的类型

在 Photoshop 中可以创建各种类型的图层，如背景图层、文字图层和调整图层等。不同类型的图层，其功能及操作方法也各不相同，并且还可进行相互转换。熟练掌握各种类型的图层才能使图像的制作更得心应手。

1. 普通图层

普通图层是指用一般方法建立的图层，同时也是使用最多、应用最广泛的图层，几乎所有的 Photoshop 功能都可以在普通图层上得到应用。

执行"图层"→"新建"→"图层"命令，或按<Ctrl + Shift + N>组合键，或直接单击图层面板底部的"创建新图层"按钮，即可创建一个普通图层。

新创建的普通图层就像一张透明的胶片，在图层上绘图前，图像整体呈现背景图层的效果，在隐藏背景层的情况下，图层显示为灰白方格，表示为透明区域，如图 4-1-1 中的

A 所示。工具箱中的工具和菜单中的图像编辑命令大多数都可在普通图层上使用。

在一个没有背景图层的图像中，可将一个普通图层转换为背景图层。在图层面板中选择该图层为当前工作图层，单击"图层"→"新建"→"背景图层"命令，即可将当前工作图层转换为背景图层。

2．背景图层

背景图层是一种不透明的图层，用作图像的背景，叠放于图层的最下方，不能对其应用任何类型的混合模式。当打开一幅有背景图层的图像时，图层面板中的"背景"层的右侧有一个锁形图标，表示该背景图层是属于锁定状态的，如图 4-1-1 中的 B 所示。背景图层具有以下四个特点：

■ 背景图层是一个不透明的图层，它始终属于锁定状态。

■ 背景图层不能进行图层不透明度、图层混合模式的设置。

■ 背景图层的名称始终以"背景"为名，处在图层面板的最底部。

■ 背景图层和普通图层之间可相互转换。

双击图层面板中的"背景"图层，弹出"新建图层"对话框，如图 4-1-2 所示。在"名称"选项中设置好所需要的名称，单击"确定"按钮，即可将背景图层转换为普通图层。

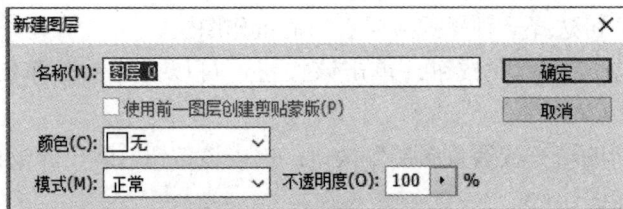

图 4-1-2　"新建图层"对话框

3．文字图层

文字图层是 Photoshop 中一个比较特殊的图层，它是使用文字工具建立的图层，只要在图像窗口中输入文字，图层面板中就会自动生成一个文字图层，如图 4-1-1 中的 C 所示。文字图层具有以下 4 个特点：

■ 文字图层含有文字内容和格式，可以单独保存在文件中，并且可以反复修改和编辑。文字图层中的图层缩览图中有一个符号。

■ 文字图层默认以当前输入的文本作为图层名称，以便区别于其他的文字图层。

■ 在文字图层上不能使用众多的工具来着色和绘图，如不可使用画笔、历史记录画笔、历史记录艺术画笔、铅笔、直线和图章等工具。

■ Photoshop CS6 中的许多命令不能直接在文字图层中应用，如色调调整、滤镜命令等。

文字图层因含有该图层的文字内容和文字格式信息，因而对该图层强制使用色调调整、滤镜等命令时，系统将弹出一个提示框，如图 4-1-3 所示，提示文字图层必须栅格化，即转换为普通图层后才能编辑。单击"确定"按钮，即可将文字图层转换为普通图层。

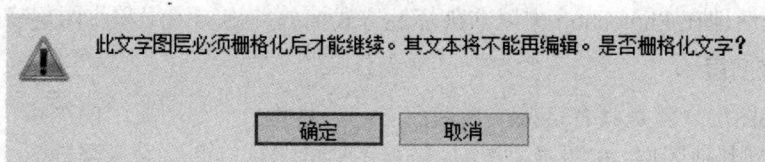

图 4-1-3 提示框

4．视频图层

在 Photoshop 中打开视频文件或图像序列时，帧将包含在视频图层中，可以编辑视频的各个帧和图像序列文件。在"图层"面板中，用连环缩览幻灯胶片图标标识视频图层，如图 4-1-1 中的 D 所示。除了使用各种工具在视频上进行编辑和绘制之外，还可以应用滤镜、蒙版、变换、图层样式和混合模式等。进行编辑之后，可以将文档存储为 PSD 文件，可以像使用常规图层一样使用视频图层，也可以在图层面板中对视频图层进行编组。调整图层可以将颜色和色调调整应用于视频图层，而不会造成任何破坏。

5．蒙版图层

蒙版是图像合成的重要手段，蒙版图层中的颜色控制着图层相应位置图像的透明程度。在图层面板中，蒙版图层的缩览图的右侧会显示一个蒙版图像，如图 4-1-1 中的 E 所示。

6．填充图层

填充图层可以在当前图层中填充一种颜色(纯色、渐变)或图案，并结合图层蒙版的功能，产生一种遮盖的特殊效果。填充图层一般可通过单击图层面板底部的"创建新的填充或调整图层"按钮进行创建，默认情况下，图层的名称即为填充的类型，如图 4-1-1 中的 F 所示。

7．调整图层

调整图层是一种比较特殊的图层，这种类型的图层主要用于色调和色彩的调整。也就是说，Photoshop CS6 会将色调和色彩的设置，如色阶和曲线调整等应用功能变成一个调整图层，单独放置在文件中，使得可以修改其设置，但不会永久性地改变原始图层，从而保留了图像修改的弹性。单击图层面板底部的"创建新的填充或调整图层"按钮，在弹出的面板菜单中选择任意一个色调调整命令，在弹出的相应对话框中设置好各选项参数，单击"确定"按钮，即可创建一个调整图层，如图 4-1-1 中的 G 所示。

8．形状图层

形状图层是使用工具箱中的形状工具在图像窗口中创建图形后，图层面板自动建立的图层，如图 4-1-1 中的 H 所示，图层缩览图的右侧为图层的矢量蒙版缩览图。在图层面板中，选择形状图层为当前工作图层，在图像窗口中便会显示该形状的路径，此时可选取工具箱中的各种路径编辑工具对其进行编辑。

9．智能图层

智能图层是一种容器，用户可以在其中嵌入栅格或矢量图数据，例如嵌入另一个 Photoshop 或 Illustrator 文件中的图像数据。嵌入的数据将保留其所有的原始特性，并仍然完全可以编辑，可以在 Photoshop 中通过转换一个或多个图层来创建智能图层，如图 4-1-1 中的 I 所示。此外，用户可以在 Photoshop 中粘贴或放置来自 Illustrator 的数据，智能图层使用户能够灵活地在 Photoshop 中以非破坏性方式缩放、旋转图层和将图层变形。

10．链接图层

所谓链接图层，就是具有链接关系的图层，当对其中一个图层中的图像执行变换操作时，将会影响到其他图层。在图层面板中，链接图层的名称后面将显示链接图标，如图 4-1-1 中的 J 所示。

11．效果图层

单击图层面板底部的"添加图层样式"按钮，在弹出的下拉列表中选择所需的样式效果，即可得到效果图层。在图层面板中，效果图层的名称后面将显示图标，如图 4-1-1 中的 C 和 H 所示。

4.2　图层的编辑

4.2.1　新建、复制、删除和移动图层

1．新建图层

在"新建图层"对话框的"名称"文本框中可以输入新建图层名称，在"颜色"选项栏中可以设置新图层在面板中显示的颜色，同时还可以在该对话框中选择图层的混合模式和不透明度等。如果选中"使用前一图层创建剪贴蒙版"复选框，则新建图层将与当前作用图层形成编组图层。

在利用图层编辑图像时，给所有图层起一个形象的名称是查找和管理图层的有效手段。通过图层面板可以为图层重命名，双击图层面板中的图层名称，当图层名称变为蓝底白字可以编辑状态时，直接输入图层的新名字即可。

2．复制图层

复制图层的操作方法有以下四种：

(1) 在图层面板中，选择需要复制的图层，执行"图层"→"复制图层"命令，弹出"复制图层"对话框，单击"确定"按钮，即可复制所选择的图层。

(2) 单击图层面板右侧的三角形按钮，弹出面板菜单，选择"复制图层"选项，在弹出的"复制图层"对话框中单击"确定"按钮，即可完成图层的复制操作。

(3) 在图层面板中选择需要复制的图层，直接将其拖曳至面板底部的"创建新图层"按钮处，即可快速地复制所选择的图层。

(4) 按住<Alt>键的同时，直接将选择的图层拖曳至面板底部的"创建新图层"按钮处，释放鼠标后，弹出"复制图层"对话框，单击"确定"按钮，即可完成图层的复制操作。

3．删除图层

删除图层的操作方法有以下四种：

(1) 在图层面板中选择需要删除的图层，执行"图层"→"删除"→"图层"命令，在弹出的提示框中单击"是"按钮，即可删除当前选择的图层。

（2）单击图层面板右侧的三角形按钮，弹出面板菜单，选择"删除图层"选项，然后在弹出的提示框中单击"是"按钮，即可删除当前选择的图层。

（3）直接将需要删除的图层拖曳至面板底部的"删除图层"按钮处，即可快速地删除所选择的图层。

（4）在图层面板中选择需要删除的图层，单击面板底部的"删除图层"按钮，在弹出的提示框中单击"是"按钮，即可删除当前选择的图层。

4．移动图层

图像中的各个图层间彼此是有层次关系的，层次最直接体现的效果就是遮挡。位于图层面板下方的图层层次是较低的，越往上层次越高，位于较高层次的图像内容会遮挡较低层次的图像内容。

4.2.2 图层的显隐、锁定、链接、合并、对齐和分布

1．显示和隐藏图层

图层面板中的"指示图层可视性"图标，不仅可以指明图层的可视性，也可用于显示图层或隐藏图层的切换操作。如想改变图层的显示或隐藏状态，只需单击图层缩览图左侧的眼睛图标 👁 ，即可隐藏该图层中的内容；再次单击，则重新显示其内容。

注意：

① 如果按住<Alt>键单击"指示图层可视性"图标，将隐藏其他所有图层，只显示该图层内容；按住<Alt>键再次单击该眼睛图标，则显示所有内容；还可以在眼睛列中拖移来改变图层面板中多个项目的可视性；按住<Alt>加中括号键可实现图层的切换。

② 只有可见图层才可以被打印，所以如果要对当前图像进行打印，必须保证其处于显示状态。

2．锁定图层

图层被锁定后，将限制图层编辑的内容和范围，使它在编辑其他图层时不受影响。图层面板的锁定组中提供了四个不同功能的锁定按钮，如图 4-2-1 所示，其功能与含义如下：

图 4-2-1 锁定组

锁定位置 ✛：单击该按钮，将不能对锁定的图层进行移动、旋转、翻转和自由变换等操作，但可以对其进行填充、描边和其他绘图操作。

锁定全部 🔒：单击该按钮，图层组全部被锁定，不能移动位置，不可执行任何图像编辑操作，也不能更改图层的不透明度和图像的混合模式。

锁定透明像素 ▨：单击该按钮，则图层或图层组中的透明像素被锁定。当使用绘图工具绘图时，将只对图层非透明的区域(即有图像的像素部分)生效。

锁定图像像素 ✐：单击该按钮，可以将当前图层保护起来，使之不受任何填充、描边

及其他绘图操作的影响，此时若使用绘图工具对该图层绘制图像，则鼠标指针呈不可使用状态。

3．链接图层

对图层进行链接，可以很方便地移动多个图层的图像，同时对多个图层中的图像进行旋转、翻转、缩放和自由变换操作，以及对不相邻的图层进行合并。在图层面板中选择需要链接的图层，单击面板底部的"链接图层"按钮，即可完成链接操作。若再次单击该按钮，则取消图层的链接。

4．合并图层

在图像中建立的图层越多，则该文件所占用的空间也就越大，编辑和选择图层越困难。为了更快捷地编辑和管理图层，对于编辑好的图层，可以将它们合并起来以减小文件大小，提高操作速度。Photoshop CS6 有以下三种合并图层的方式：

向下合并：可以将当前作用图层与其下方的图层合并。

合并可见图层：可以将当前所有可见图层内容合并到背景图层或目标图层中，而图像中隐藏的图层则排列到合并图层的上方。

拼合图层：可以将当前所有可见图层合并，而把不可见图层从图层面板中删除，这时，会弹出如图 4-2-2 所示的对话框，提示用户是否要扔掉隐藏图层。

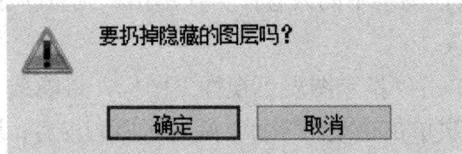

图 4-2-2　合并图层警告

5．对齐图层

对齐图层是指将各链接图层或选择的多个图层沿直线排列。进行对齐操作时，需要选择或链接两个或两个以上的图层，然后执行"图层"→"对齐"命令，用"对齐"子菜单中的命令就可以将选中的图层按照指定命令进行对齐。"对齐"子菜单中各命令的含义如下：

顶边：选中图层中的最顶端像素与当前图层中的最顶端像素对齐。

垂直居中：选中图层垂直方向的中心像素与当前图层中垂直方向的中心像素对齐。

底边：选中图层中的最底端像素与当前图层中的最底端像素对齐。

左边：选中图层中的最左端像素与当前图层中的最左端像素对齐。

水平居中：选中图层中水平方向的中心像素与当前图层中水平方向的中心像素对齐。

右边：选中图层中的最右端像素与当前图层中的最右端像素对齐。

6．分布图层

分布图层是指将各链接图层或所选择的多个图层沿直线分布，使用时需要选择三个或三个以上的图层，然后执行"图层"→"分布"命令，用"分布"子菜单中的命令就可以将选中的图层按照指定的命令进行分布。"分布"子菜单中各命令的含义如下：

顶边：从图层顶端像素开始，平均间隔分布选中的图层。

垂直居中：从图层垂直中心像素开始，平均间隔分布选中的图层。

底边：从图层底端像素开始，平均间隔分布选中的图层。

左边：从图层的最左端像素开始，平均间隔分布选中的图层。

水平居中：从图层的水平中心像素开始，平均间隔分布选中的图层。

右边：从图层的最右端像素开始，平均间隔分布选中的图层。

注意：

① 图层组中的图层内容只有链接后才能执行对齐或分布操作，同时对齐和分布命令只影响所含像素的不透明度大于 50%的图层。

② 如要实现同一对象在文件中多次均匀分布效果，可将该对象所在图层复制多个，并将最下面一个图层和最上面一个图层的对象定位好后，链接所有图层，再选择相应的分布方式，中间所有链接图层均按照相应分布方式自动均匀分布。

【案例："嫦娥五号"卫星奔月海报】

(1) 按<Ctrl＋N>组合键，弹出"新建"对话框，设置如图 4-2-3 所示，单击"确定"按钮。

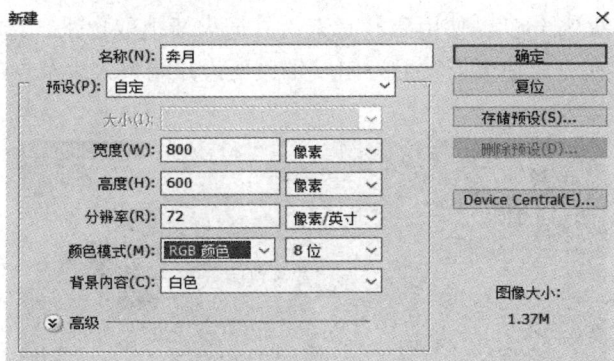

图 4-2-3 "新建"对话框

(2) 导入素材"地球.jpg"，自由变换后使之全部显示，图层重命名为"地球"，如图 4-2-4 所示。

图 4-2-4 "地球"图层

(3) 导入素材"月亮.jpg"，使用魔棒工具把月亮抠取，然后进行旋转并改变大小，放到右上角，图层重命名为"月亮"，如图 4-2-5 所示。

图 4-2-5　合成月亮

(4) 导入素材"火箭.jpg"，使用磁性套索工具把火箭抠取出来，选择"编辑"→"变换"→"水平翻转"命令，使火箭发射方向发生改变，并调整大小及摆放位置，如图 4-2-6 所示。

图 4-2-6　合成火箭

(5) 观察火箭，发现图像很灰暗，可以给它上点颜色。按<Ctrl＋B>组合键打开"色彩平衡"命令对话框，设置如图 4-2-7 所示。设置后的效果如图 4-2-8 所示。

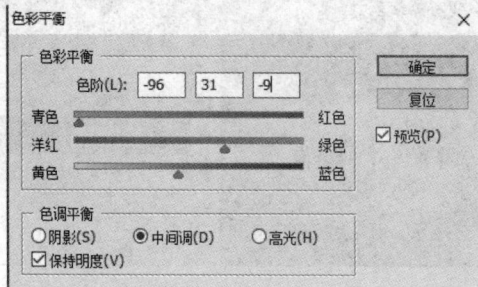

图 4-2-7　"色彩平衡"命令对话框

图 4-2-8 给火箭上色后的效果

(6) 导入素材"卫星.jpg",使用磁性套索工具把卫星抠取出来,调整大小,旋转一定角度,摆放到合适位置,如图 4-2-9 所示。

图 4-2-9 合成卫星

(7) 点击"横排文字工具",在图像区域输入红色"热烈祝贺"四个字,点击文字属性栏的 ✔ 提交所有当前编辑,生成文字图层一。再次点击图像区域输入白色"中国'嫦娥五号'探月卫星发射成功!"这几个字,生成文字图层二。

(8) 为了使文字显眼,给每个文字图层添加描边效果,最后效果如图 4-2-10 所示。

图 4-2-10 新建文字图层

(9) 图层分组。点击"图层"→"新建"→"组"命令，弹出"新建组"对话框，如图 4-2-11 所示。

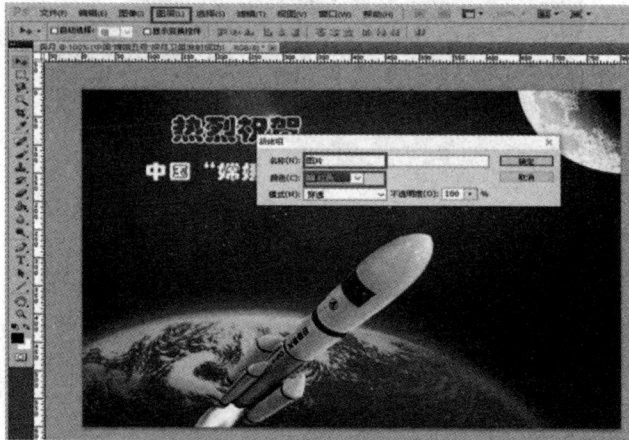

图 4-2-11　"新建组"对话框

(10) 在名称里输入"图片"，选择一种颜色来进行区分，单击"确定"按钮，在图层面板里就产生了一个图片文件夹，把鼠标移到要移动的图层上面，按住左键，拖动图层到文件夹上面就可以了。重复以上步骤，新建文字组，把文字拖进组里，如图 4-2-12 所示。

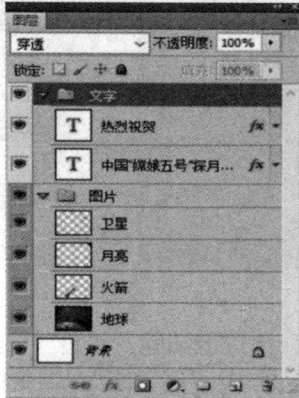

图 4-2-12　新建组

4.3　图 层 样 式

4.3.1　图层样式命令

图层样式实际上就是多种图层效果的组合，Photoshop CS6 提供了多种图像效果，如投影、发光、浮雕、颜色叠加等，利用这些效果可以方便快捷地改变图像的外观。将效果应用于图层的同时，也创建了相应的图层样式，在"图层样式"对话框中可以对创建的图层样式进行修改、保存、删除等编辑操作。

执行"图层"→"新建"→"从图层建立组"命令可以建立一个图层组，选中多个图层之后，执行该命令，这些图层将直接被放置到组里。选中图层组之后对该组进行操作(如改变透明度、旋转)，同一个组里的所有图层都同步发生变化。

取消图层编组的方法很简单，若要从编组中删除某个图层，把它移到图层组之外即可；若要取消所有图层编组，执行"图层"→"取消编组"命令即可。

在 Photoshop CS6 中对图层样式进行管理是通过"图层样式"对话框来完成的。可以通过执行"图层"→"图层样式"→"混合选项"命令来添加各种样式，也可以单击图层面板下方的"添加图层样式"按钮来完成。在"图层样式"对话框中可以对一系列的参数进行设定，它是由一系列的效果集合而成的。该对话框中主要选项的含义如下：

混合模式：该选项区中的选项与图层面板中的设置一样，可以选择不同的混合模式，以决定当前工作图层中的图像与其他图层混合在一起的效果。

● 正常：系统默认的色彩混合模式。选择此模式，新绘制的图案或选定的"图层"将完全覆盖原来的颜色。

● 溶解：选择此模式，系统使用绘制的颜色随机取代底色，以达到溶解效果。

● 变暗：选择此模式，系统将绘制颜色和底色进行比较，底色中较亮的颜色被较暗的颜色代替，而较暗的颜色不变。

● 正片叠底：选择此模式，绘制的颜色将和底色相乘，使得底色颜色变深。

● 颜色加深：选择此模式，图像颜色将在原来的基础上加深。

● 线性加深：选择此模式，绘制的图像将和底色混合后再线性加深，其结果将比通常的原色图像更深。

● 变亮：此模式与变暗模式相反，在此不再详述。

● 滤色：选择此模式，系统将绘制的颜色与底色的互补色相乘后再转为互补色，此结果通常要比原图像颜色浅。

● 颜色减淡：选择此模式，系统将像素的亮度提高，以显示绘图颜色。

● 线性减淡：选择此模式，系统将像素的亮度提高，呈线性混合。

● 叠加：选择此模式，绘制的颜色将与底色叠加，并保持底色的明暗度。

● 柔光：选择此模式，可以调整图像的灰度，当绘图颜色少于 50% 时，图像变亮，反之则变暗。

● 强光：选择此模式，当绘图颜色大于 50%的灰度时，则以屏幕模式混合；反之，则以叠加模式混合。

● 亮光：选择此模式，则得到漂白和增强亮度的效果，使颜色更鲜艳。

● 线性光：选择此模式，可以得到线性增亮效果。

● 点光：选择此模式，可以得到集中光线的增亮效果。

● 差值：选择此模式，系统将以绘图颜色和底色中较亮的颜色减去较暗的颜色亮度，因此，当绘图颜色为白色时，可以使底色反相，绘图颜色为黑色时，原图不变。

● 排除：此模式与差值模式相似。

● 色相：选择此模式，图像的亮度和饱和度由底色来决定，但色相由绘图颜色来决定。

● 饱和度：选择此模式，图像的亮度和色相由底色来决定，但饱和度由绘图颜色决定。

● 颜色：选择此模式，图像的亮度由底色来决定，但色相与饱和度由绘图颜色决定。

● 亮度：选择此模式，图像的亮度由绘图颜色决定，但色相与饱和度由底色决定。

- 不透明度：该选项与图层面板中的"填充"选项的功能相同。
- 通道：在该选项中可以选择要混合的通道。因为该图层是 CMYK 模式的，所以在此显示了 C、M、Y 和 K 四个通道。如果选择的是其他模式的图层，则该处将显示不同的通道，例如若选择 RGB 模式的图层，在此将显示 R、G 和 B 三个通道。
- 挖空：使用该选项可以设置穿透某图层看到其他图层中的内容，其右侧的下拉列表中包括"无"、"深"和"浅"3 个选项。
- 将内部效果混合成组：该选项用于控制添加内发光、光泽、颜色叠加、图案叠加、渐变叠加图层效果的图层的挖空效果。
- 将剪切图层混合成组：选中该复选框，将只对剪切组图层执行挖空效果。
- 透明形状图层：当图层中有透明区域时，选中该复选框，透明区域相当于蒙版，生成的效果若延伸到透明区域，将被屏蔽。
- 图层蒙版隐藏效果：当图层中有图层蒙版时，选中该复选框，生成的效果若延伸到蒙版区域，将被屏蔽。
- 矢量蒙版隐藏效果：当图层中有矢量蒙版时，选中该复选框，生成的效果若延伸到矢量蒙版区域，将被屏蔽。
- 混合颜色带：设置本图层及下一图层的过滤颜色，本质上属于基于通道的图层蒙版，是 Photoshop 中未被以"蒙版"冠名的特殊的蒙版。混合颜色带有灰色、红、绿、蓝四个选项，默认情况下，混合颜色带都选为灰色，即全部颜色通道，下面的灰色渐变条代表了从 0 到 255 的混合像素亮度范围，两个箭头间的亮度值范围就是图像能够显现出来的区域，如图 4-3-1 所示。

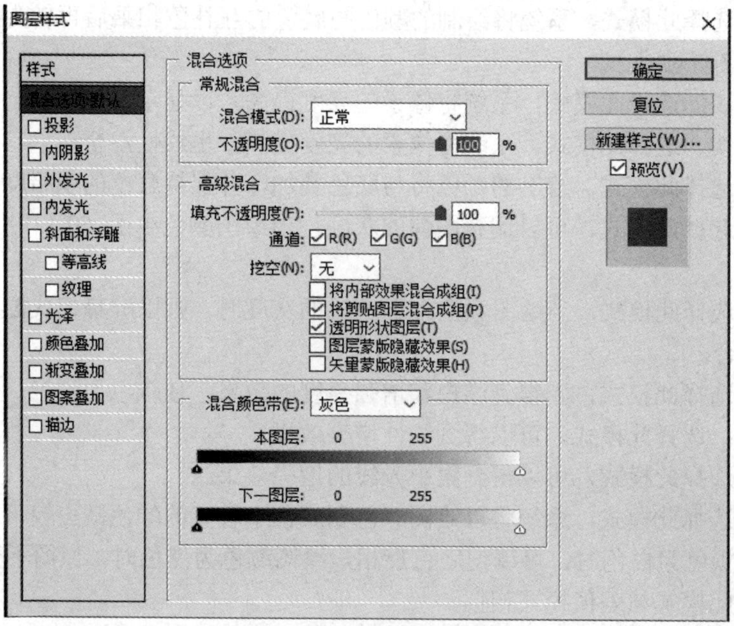

图 4-3-1　"图层样式"对话框

【案例：咖啡杯】

(1) 执行"文件"→"打开"命令，打开本书配套素材文件"咖啡杯.jpg"和"咖啡文字.jpg"，如图 4-3-2A 和图 4-3-2B 所示。

图 4-3-2　"咖啡杯"与"咖啡文字"

(2) 使用移动工具将"咖啡文字.jpg"拖曳至"咖啡杯.jpg"，并使用自由变换工具调整图像的大小和位置，如图 4-3-3A 和图 4-3-3B 所示。

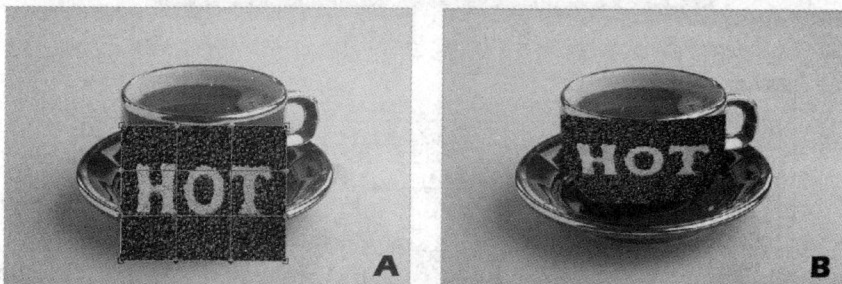

图 4-3-3　调整图像的大小和位置

(3) 执行"图层"→"图层样式"→"混合选项"命令，弹出"图层样式"对话框，在"常规选项"区域中，设置混合模式为"叠加"。

(4) 在"图层样式"对话框的"混合颜色带"选项区域中，向右拖动"本图层"颜色条下方黑色的滑块至"8"处，然后单击"确定"按钮，图像效果如图 4-3-4 所示。

图 4-3-4　【案例：咖啡杯】

4.3.2　图层样式效果

图层样式为利用图层处理图像提供了更方便的处理手段。利用图层样式可以在合成图片时添加许多特殊效果，使合成后的图片拥有一定的视觉美感。

图层样式的使用非常简单。单击图层面板下方的【添加图层样式】按钮，在弹出的下拉菜单中任选一项，都可弹出图层样式对话框，在对话框中可以对当前图层增加多种图层样式。

1. 投影

为文字或图像添加阴影，可使平面图形产生立体感，如图 4-3-5 所示。使用"外发光"样式，可以使图像边缘产生光晕效果。若要为图层添加投影样式效果，可在"图层样式"对话框中选择其左侧的"投影"复选框，此时的"图层样式"对话框如图 4-3-6 所示。

图 4-3-5　投影效果

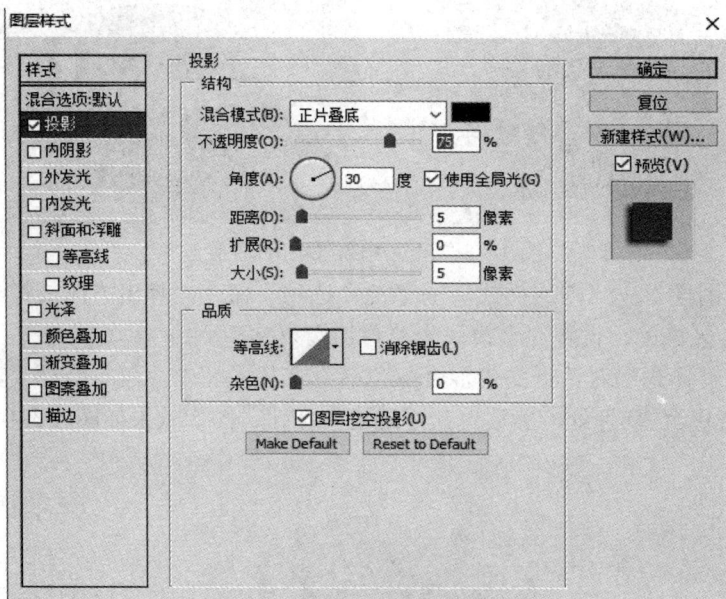

图 4-3-6　"投影"对话框

该对话框中主要选项的含义如下：

混合模式：用于设置投影效果的色彩混合模式。

"设置阴影颜色"图标：单击该图标可设置阴影的颜色。

不透明度：用于设置投影的不透明程度。

角度：用于设置光线照明角度，以调整投影方向。

使用全局光：选中该复选框，表示为同一图像中的所有图层使用相同的光照角度。

距离：用于设置投影与图像的距离。

扩展：控制投影效果到完全透明边缘的平滑程度。投影扩展量为 0%，边缘柔和过渡到完全透明；扩展量为 100%，投影边缘直接过渡为完全透明。

大小：用于设置光线膨胀的柔和尺寸，其数值越大，投影边缘越明显。

等高线：在其右侧的下拉列表中可以选择投影的轮廓。

消除锯齿：选中该复选框，可以设置阴影的反锯齿效果。

图层挖空投影：用于控制半透明图层中投影的可视性。

2．阴影效果

对于任何一个平面设计师来说，阴影制作都是基本功。无论文字、按钮、边框还是一个物体，如果加上一个阴影，则会顿生层次感，为图像增色不少。因此，阴影制作在任何时候都使用得非常频繁，不管是在图书封面上，还是在报纸杂志、海报上，经常会看到拥有阴影效果的文字。

Photoshop 提供了两种阴影效果，分别是投影和内投影。这两种阴影效果的区别在于：投影是在图层对象背后产生阴影，从而产生投影视觉；而内投影则是紧靠在图层内容的边缘内添加阴影，使图层具有凹陷外观。这两种图层样式只是产生的图像效果不同，而其参数选项是一样的。图 4-3-7 和图 4-3-8 所示是两种不同的阴影效果。

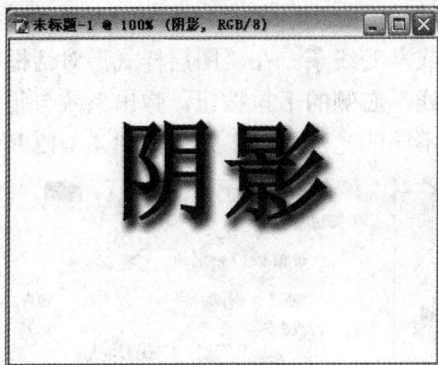

图 4-3-7　投影效果

图 4-3-8　内投影效果

3．发光效果

在图像制作过程中，经常看到文字或物体的发光效果。发光效果在直觉上比阴影更具有计算机色彩，而且制作方法也简单，使用图层样式中的【内发光】和【外发光】命令即可。图 4-3-9 和图 4-3-10 所示是分别使用这两种样式的效果。

图 4-3-9　外发光效果

图 4-3-10　内发光效果

4．斜面和浮雕效果

执行【斜面和浮雕】命令就可以制作出立体感强的文字。此效果在制作特效字时应用得十分广泛，可以对其进行设置得到想要的效果。图 4-3-11 所示是各种应用了不同斜面和浮雕效果的图像。

内斜面效果　　　　　　　　外斜面效果　　　　　　　枕状浮雕效果

图 4-3-11　应用不同的斜面和浮雕效果

5. 光泽

使用"光泽"样式效果，图像将变得柔和，并且消除图层各部分之间的强烈颜色差。使用"描边"样式，可以在图像的周围描边纯色或渐变线条。在"图层样式"对话框中选中"光泽"复选框，在该对话框中，单击"等高线"右侧的下拉按钮，弹出系统自带的不同样式的等高线，选择不同的等高线，可以得到不同的光泽效果，效果如图 4-3-12 所示。

图 4-3-12　光泽效果

6. 颜色叠加

在"图层样式"对话框中选中"颜色叠加"复选框，此时"图层样式"对话框中主要选项的含义如下：

混合模式：用于设置颜色叠加时的混合模式。

颜色：用于设置叠加的颜色。

不透明度：用于设置颜色叠加时的不透明程度。

7. 渐变叠加

使用该样式，将用渐变叠加的方式对图像添加渐变色，效果如图 4-3-13 所示。在"图层样式"对话框中，选中"渐变叠加"复选框，该对话框中主要选项的含义如下：

混合模式：用于设置使用渐变叠加时色彩的混合模式。

不透明度：用于设置对图像进行渐变叠加时色彩的不透明程度。

渐变：用于设置使用的渐变色。

样式：用于设置渐变的类型。

图 4-3-13　渐变叠加效果

8. 图案叠加

在"图层样式"对话框中选中"图案叠加"复选框，该对话框中的"图案"选项与图案图章工具中的图案性质是相同的，也可以载入其他的图案，效果如图 4-3-14 所示。

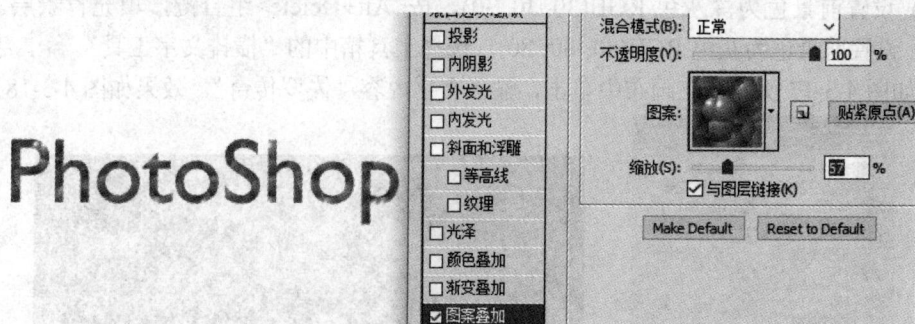

图 4-3-14　图案叠加效果

9. 描边

在"图层样式"对话框中选中"描边"复选框，可为图像添加描边效果，如图 4-3-15 所示，此时"图层样式"对话框中主要选项的含义如下：

大小：用于设置描边的大小。

位置：单击其右侧的下拉按钮，在弹出的下拉选项中可以选择描边的位置。

填充类型：用于设置图像描边的类型，提供了 3 个选项，分别是颜色、渐变和图案。

颜色：单击该图标，可设置描边的颜色。

图 4-3-15　描边样式

【案例：电影海报文字】

(1) 按<Ctrl+N>组合键，弹出"新建"对话框，建立一个名称为"电影海报文字"，宽度为 10 厘米，高度为 5 厘米，分辨率为 300 像素/英寸的画布，如图 4-3-16 所示。

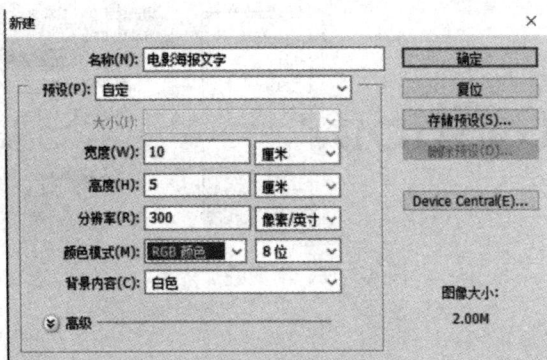

图 4-3-16　"新建"对话框

(2) 设置前景色为深灰色 RGB(30, 30, 30)，按<Alt+Delete>组合键，填充背景层。

(3) 设置前景色为灰色 RGB(80, 80, 80)，选择工具箱中的"横排文字工具" T，字符属性设置如图 4-3-17 所示，在画布中单击，输入文字内容"佐罗传奇"，效果如图 4-3-18 所示。

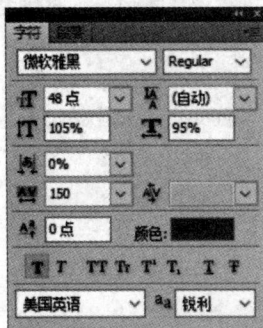

图 4-3-17　"字符"属性设置　　　　　　　　　图 4-3-18　文字输入效果

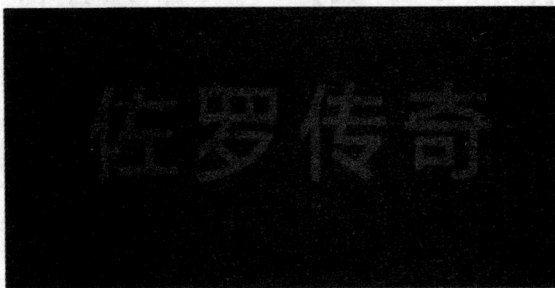

(4) 按<Ctrl+J>组合键，复制文字层，生成副本，设置"佐罗传奇副本"层的填充为 0%，如图 4-3-19 所示。

(5) 单击图层面板中的"佐罗传奇"层，使其成为当前操作图层，按<Ctrl+J>组合键，继续复制"佐罗传奇"文字层，生成"佐罗传奇副本 2"层，拖动"佐罗传奇副本 2"层到"佐罗传奇"文字层的下方，图层顺序如图 4-3-20 所示。

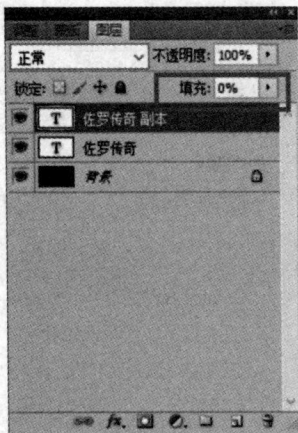

图 4-3-19　"副本"层填充值变化　　　　　　　图 4-3-20　图层顺序

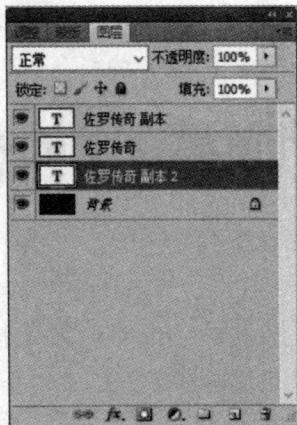

(6) 单击图层面板中的"佐罗传奇副本 2"层，使其成为当前操作图层，按<Ctrl+T>组合键，按向右(→)方向键一次和向下(↓)方向键一次，按 Enter 键确认变换。

(7) 按<Ctrl+Shift+Alt+T>组合键 3 次，继续变换并复制副本 2，图层面板状态如图 4-3-21 所示。

(8) 选择"佐罗传奇副本 2"至"佐罗传奇副本 5"的所有图层，如图 4-3-22 所示。执行"图层"→"智能对象"→"转换成智能对象"命令，将选中的图层转换成智能对象，重命名为"佐罗传奇 3D"层。

图 4-3-21 图层面板状态   图 4-3-22 图层选择状态

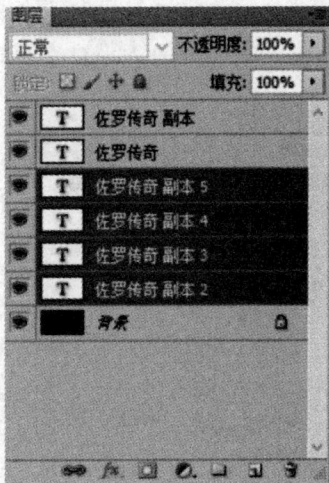

(9) 双击"佐罗传奇 3D"层，在弹出的"图层样式"对话框中选择"斜面与浮雕"样式，参数设置如图 4-3-23 所示。

(10) 继续单击左侧"样式列表"框的"渐变叠加"样式，渐变色编辑为蓝色 RGB(35, 70, 135)到浅蓝色 RGB(115, 155, 215)，其他参数设置如图 4-3-24 所示。

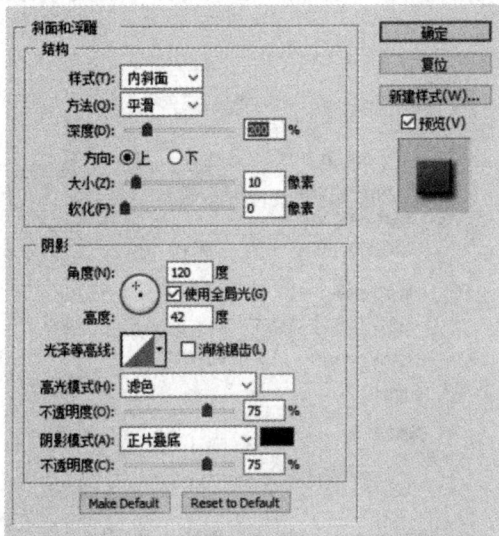

图 4-3-23 "斜面与浮雕"样式参数设置   图 4-3-24 "渐变叠加"样式参数设置

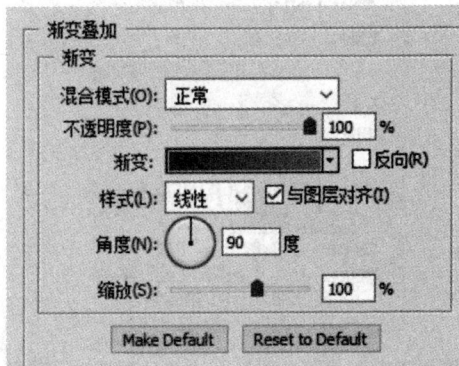

(11) 继续单击左侧"样式列表"框的"投影"样式,参数设置如图 4-3-25 所示。单击"确定"按钮完成设置。

(12) 双击"佐罗传奇"文字层,在弹出的"图层样式"对话框中选择"斜面与浮雕"样式,"高光模式"颜色设置为亮光,发光颜色设置为浅肉色 RGB(255, 225, 200),其他参数设置如图 4-3-26 所示。

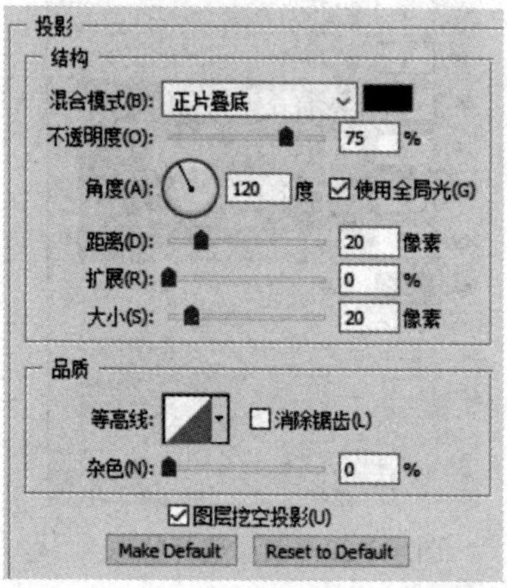

图 4-3-25　"投影"样式参数设置 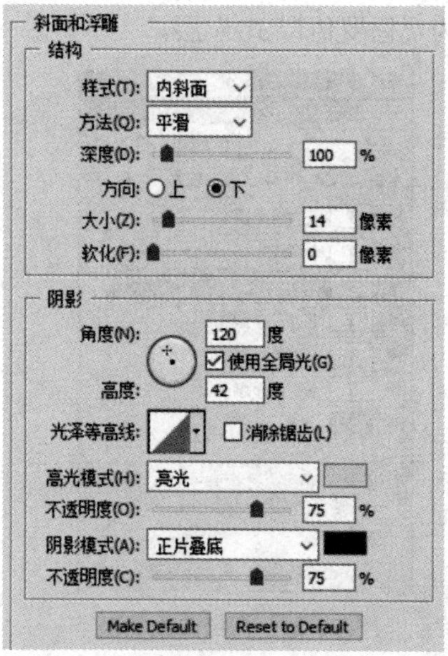　　　图 4-3-26　"斜面与浮雕"样式参数设置

(13) 单击"斜面与浮雕"样式列表下方的"等高线"及"纹理"选项,"纹理"图素选择"艺术表面"里面的"石头"图案,参数设置如图 4-3-27 所示。

(14) 继续单击左侧"样式列表"框的"描边"样式,"渐变"选项选择"铬黄"渐变,其他参数设置如图 4-3-28 所示。

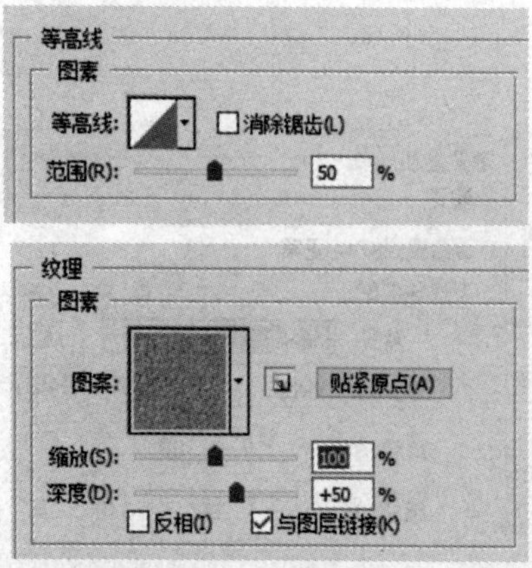

图 4-3-27　"等高线"及"纹理"选项参数设置 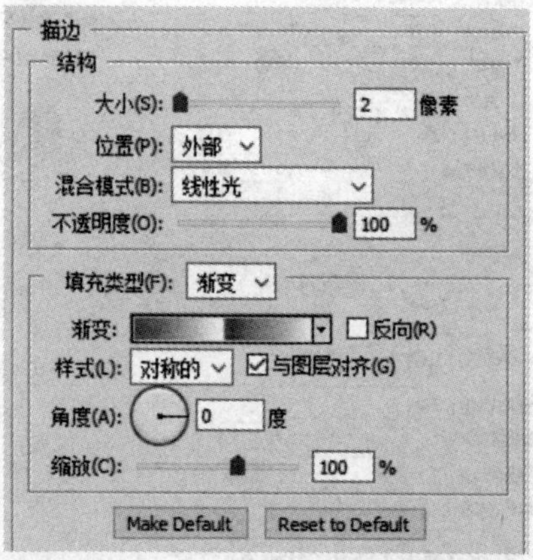　　　图 4-3-28　"描边"样式参数设置

(15) 继续单击左侧"样式列表"框的"内阴影"样式，阴影颜色设置为蓝色 RGB(18, 60, 110)，其他参数设置如图 4-3-29 所示。

(16) 继续单击左侧"样式列表"框的"内发光"样式，发光颜色设置为肉色 RGB(249, 226, 204)到透明色的渐变，其他参数设置如图 4-3-30 所示。

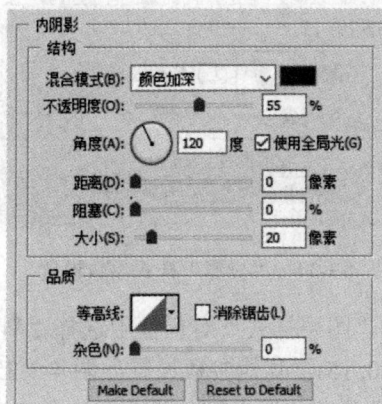

图 4-3-29 "内阴影"样式参数设置　　　　　图 4-3-30 "内发光"样式参数设置

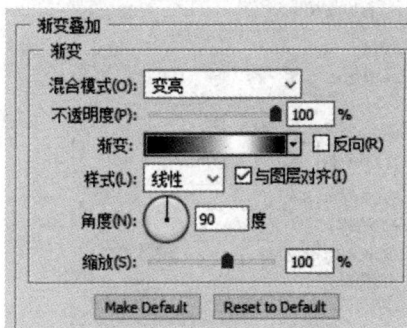

(17) 继续单击左侧"样式列表"框的"光泽"样式，颜色设置为灰色 RGB(155, 155, 155)，其他参数设置如图 4-3-31 所示。

(18) 继续单击左侧"样式列表"框的"渐变叠加"样式，渐变色编辑为黑色、40%位置的灰色 RGB(180, 180, 180)，60%位置的白色，75%位置的肉色 RGB(250, 240, 210)和100%位置的黑色，其他参数设置如图 4-3-32 所示。

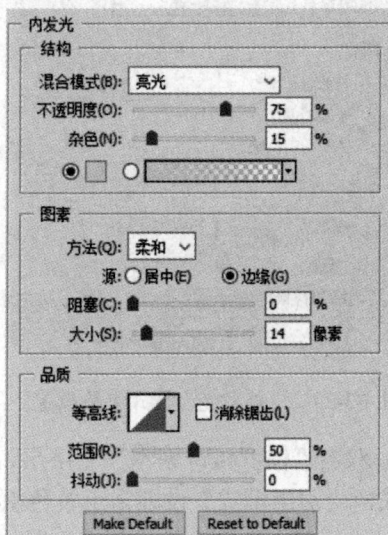

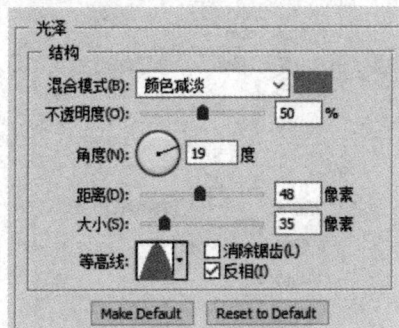

图 4-3-31 "光泽"样式参数设置　　　　　图 4-3-32 "渐变叠加"样式参数设置

(19) 继续单击左侧"样式列表"框的"外发光"样式，发光颜色设置为土黄色 RGB(200, 170, 105)到透明色的渐变，其他参数设置如图 4-3-33 所示。

(20) 继续单击左侧"样式列表"框的"投影"样式，投影颜色设置为橘黄色 RGB(140, 85, 20)，其他参数设置如图 4-3-34 所示。

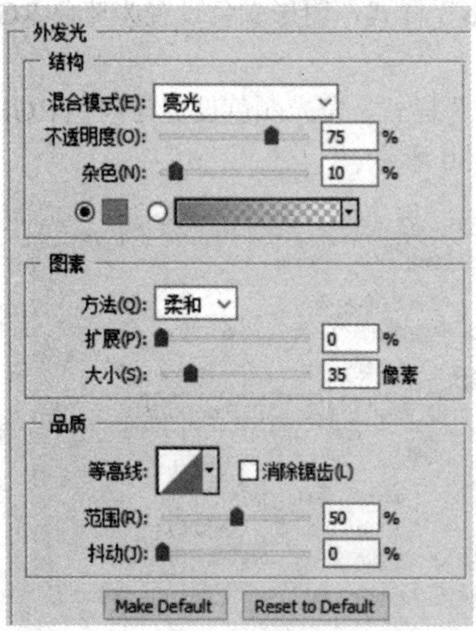

图 4-3-33　"外发光"样式参数设置

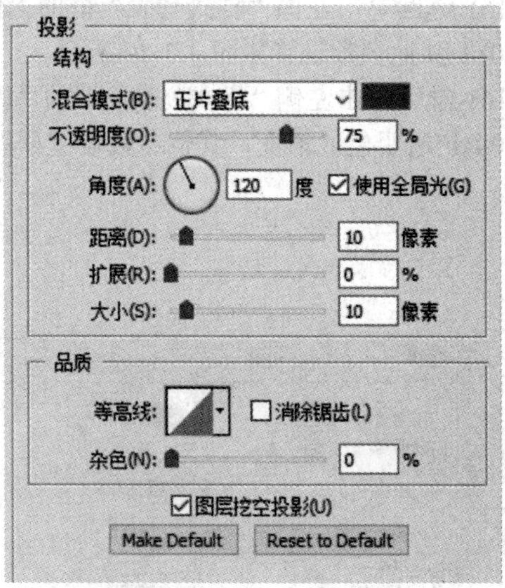

图 4-3-34　"投影"样式参数设置

(21) 双击"佐罗传奇副本"文字层，在弹出的"图层样式"对话框中选择"斜面与浮雕"样式，"阴影模式"设置为土黄色 RGB(110, 70, 15)，其他参数设置如图 4-3-35 所示。

(22) 继续单击左侧"样式列表"框的"内发光"样式，发光颜色设置为肉色 RGB(245, 215, 170)到透明色渐变，其他参数设置如图 4-3-36 所示。

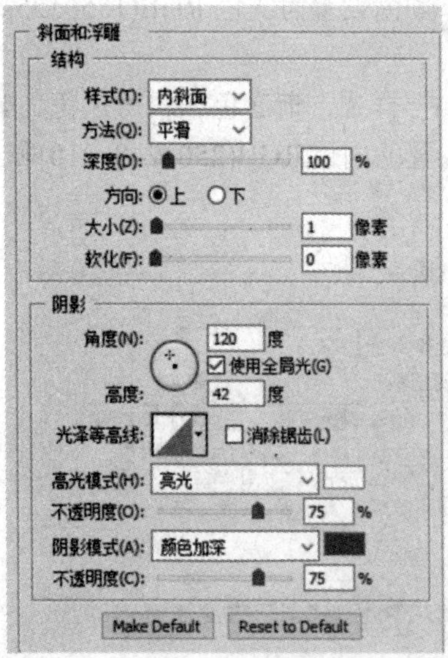

图 4-3-35　"斜面与浮雕"样式参数设置

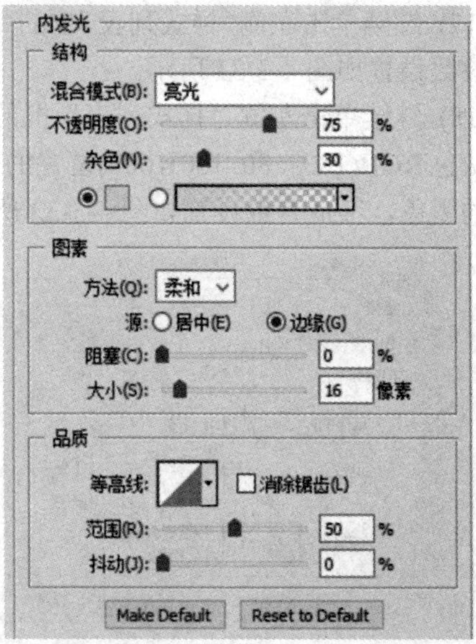

图 4-3-36　"内发光"样式参数设置

(23) 按住 Ctrl 键，单击"佐罗传奇"文字层缩略图，载入文字选区，单击图层面板下方的"创建新的填充或调整图层"按钮，在弹出的菜单中选择"色彩平衡"选项，参数设置及图层面板状态如图 4-3-37 和图 4-3-38 所示，最终效果如图 4-3-39 所示。

(24) 执行"文件"→"存储为"命令，以 PSD 格式保存图像。

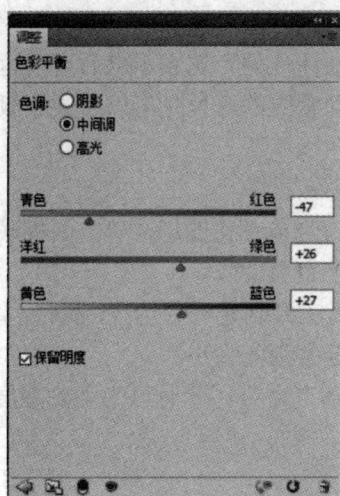

图 4-3-37　"色彩平衡"选项参数设置　　图 4-3-38　图层面板状态

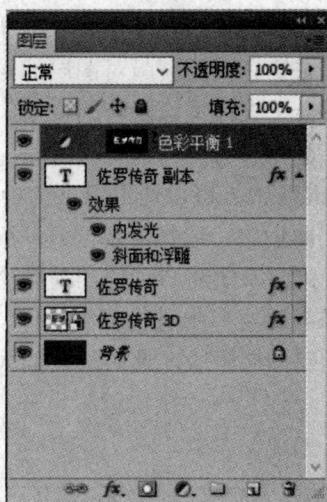

图 4-3-39　最终效果

4.4　蒙　版

在 Photoshop 中，如果需要对图像中的某一部分进行独立的处理，而保持图像中的其他部分不受影响，可以使用蒙版来屏蔽该部分图像。蒙版可以用来保护被遮蔽的区域，被遮蔽的区域不受任何编辑操作的影响。

蒙版通过其上黑白灰三色来表示选区的选择状态，并能控制图像的显示和隐藏，其中黑色表示不选择、完全屏蔽，白色表示全选择、完全显示，灰色表示部分选择、部分屏蔽。由于蒙版上的黑白灰三色只适用于控制屏蔽和显示的区域，因此无论哪种工具、哪种命令，只要能编辑蒙版上的这三种颜色就可以使用，图层上的图像需要屏蔽的地方屏幕将显示黑色，需要半屏蔽的地方显示灰色，完全显示的地方显示白色。无论蒙版上的图案多么复杂，只要能准确判断黑白灰所产生的效果就能准确地判断图像。

蒙版是 Photoshop 诸多功能中重要的功能之一，主要用于图像的合成，分为图层蒙版、快速蒙版、矢量蒙版和剪贴蒙版，下面分别介绍这些蒙版。

4.4.1　图层蒙版

图层蒙版实际上是一幅 256 色的灰度图像，它可以隐藏全部或部分图层内容，显示下面的图层内容。图层蒙版在图像合成中非常有用，也可以灵活应用于颜色调整、应用滤镜和指定选择区域等。图层蒙版对图层的影响是非破坏性的，这表示以后可以返回并重新编辑蒙版，而不会丢失被蒙版隐藏的像素。使用图层蒙版的好处是可以通过蒙版来选择图像的不同区域，避免了对图像的直接操作。

在 Photoshop 中，可以通过以下三种方法创建图层蒙版：

● 在图层面板中，选择需要创建蒙版的图层为当前工作图层，单击面板底部的"添加蒙版"按钮，此时系统将自动为当前图层创建一个空白蒙版。

● 在图像编辑窗口中进行复制操作，运用选区工具创建一个选区，执行"编辑"→"贴入"命令，创建图层蒙版，此时选区的大小将决定蒙版的大小。

● 执行"图层"→"图层蒙版"→"显示全部"命令，此时可为当前图层添加蒙版。

【案例：果蔬组合】

1．打开两张素材文件

打开本书配套素材"番茄.jpg"文件和"菜花.jpg"文件，如图 4-4-1 及图 4-4-2 所示。

图 4-4-1　素材"西红柿"

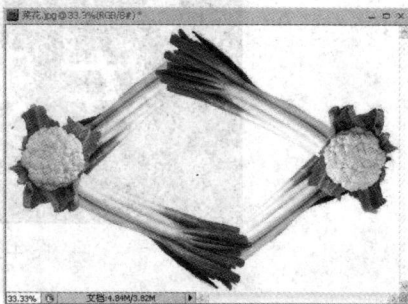

图 4-4-2　素材"菜花"

2．将图片移到同一个文件中

使用移动工具将"番茄.jpg"移到"菜花.jpg"文件中，自动生成"图层 1"，尽量让"番茄"显示在"菜花"图案的中间，如图 4-4-3 所示。双击"背景"图层，弹出如图 4-4-4 所示的对话框，单击【确定】按钮，生成"图层 0"，"背景"层就变为一般图层。将"图层 1"移到"图层 0"的下方，如图 4-4-5 所示。

图 4-4-3　图片合成

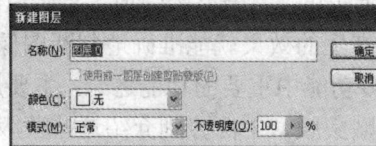

图 4-4-4　"新建图层"对话框

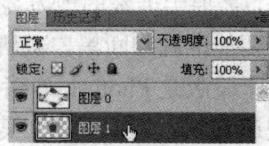

图 4-4-5　图层移动

3．添加图层蒙版

选择"图层 0"为当前图层，单击【图层】面板的【添加图层蒙版】按钮，如图所示。前景色为黑色，背景色为白色，选择画笔19，在"菜花.jpg"文件的中间部分涂抹，即可看见"图层 1"中的番茄。处理番茄的边缘位置时可按左中括号键和右中括号键调节画笔的大小，直至番茄全部显示。在操作过程中，难免会将黄色背景也显示，如图 4-4-6 所示。这时需切换前景色和背景色，将前景色调成白色，图像显示比例放大到 100%(图像放大后调整边缘的地方会比较准确)。图像比例放大后，画笔的直径要调小些，将番茄周围的黄色背景慢慢涂抹，直到全部去掉。如操作中不小心涂抹到番茄，那就再切换前景色和背景色，重新将番茄显示出来，如图 4-4-7 所示。

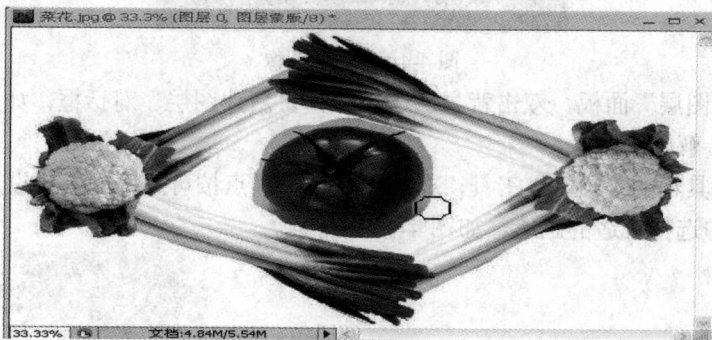

图 4-4-6 图层蒙版

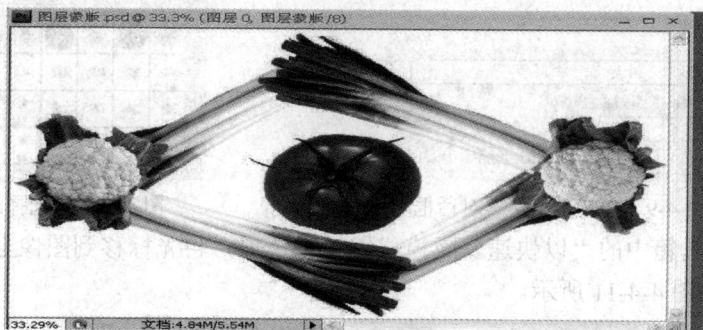

图 4-4-7 效果图

4.4.2 快速蒙版

快速蒙版可以在不使用通道的情况下，直接在图像窗口中完成蒙版编辑工作，因而非常简便、快捷。快速蒙版模式可以使用户创建和查看图像的临时蒙版，可以将图像中的选区作为蒙版编辑。将选区作为蒙版编辑的优点是，用户可以使用几乎所有的工具或者滤镜命令来编辑蒙版，以此得到使用选择工具无法得到的选区。

无论是在快速蒙版下编辑图像，还是在"通道"控制面板中的蒙版下编辑图像，其最终目的都是为了转换为选择范围应用到图像中去。在选择区域时，有时由于所要选择的对象较为复杂，并且它的颜色与周围对象的颜色比较相近，而造成很难精确定义选择范围，此时可以使用快速蒙版方法定义选择范围。

【案例：摩登美女】

(1) 打开素材"摩登美女.jpg"，如图 4-4-8 所示。

图 4-4-8　打开图像

(2) 打开"图层"面板，双击背景图层，弹出"新建图层"对话框，如图 4-4-9 所示。单击确定按钮，解锁图层。

(3) 选择工具箱的"画笔"工具，在选项栏单击"点按可打开画笔预设选取器"按钮，在弹出的列表中选择合适的画笔，如图 4-4-10 所示。

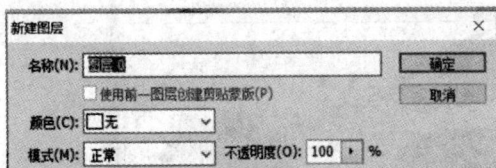

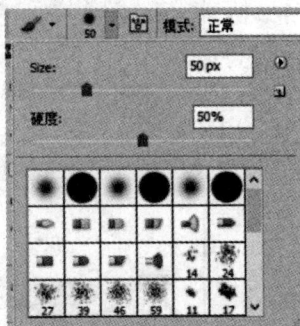

图 4-4-9　"新建图层"对话框　　　　图 4-4-10　选择画笔

(4) 单击工具箱中的"以快速蒙版模式编辑"选项，将光标移到图像上，在画布上涂抹选择区域，如图 4-4-11 所示。

图 4-4-11　涂抹选择区域

(5) 按 Q 键退出"快速蒙版"，回到标准模式，即可创建涂抹区域以外的选区，如图 4-4-12 所示。按 Delete 键删除选区内的图像。

图 4-4-12 选择区域

(6) 选择工具箱中的"橡皮擦"工具,在选项栏中将"不透明度"设置为 40%,将边缘多余的背景擦除,如图 4-4-13 所示。

图 4-4-13 擦除边缘多余的背景

(7) 选择"文件"→"存储为 Web 所用格式"命令,将预设格式设置为 Png 格式,单击"存储"按钮,即可成功地将其存储为透明图像,如图 4-4-14 所示。

图 4-4-14 存储为透明图像

4.4.3　剪贴蒙版与矢量蒙版

剪贴蒙版根据图层中的透明度来获得蒙版效果。建立了剪贴蒙版的图层，由下层图层的透明度来决定本图层图像的显示和隐藏的区域，不透明的区域完全显示，透明的区域被完全屏蔽，半透明的区域部分显示。

剪贴蒙版的建立方法有三种，第一种是选中需要建立剪贴蒙版的图层（"图片"图层）之后，选择"图层"→"创建剪贴蒙版"命令；第二种是在图层面板的图层上右击，选择快捷菜单中的"创建剪贴蒙版"命令；第三种是按住<Alt>键，移动光标到两个图层之间的分隔线上，光标变形时，单击即可创建。

矢量蒙版是通过路径建立蒙版来操作图层像素的显示和隐藏的，路径内为显示，路径区域外为屏蔽。在图层面板的"添加图层蒙版"按钮上连续单击两次，居于图层栏右侧的蒙版即为矢量蒙版。

【案例：海底世界】

1. 打开 3 张素材文件

打开本书配套素材"17.jpg"、"18.jpg"和"19.jpg"，如图 4-4-15～4-4-17 所示。

图 4-4-15　打开素材 17

图 4-4-16　打开素材 18

图 4-4-17　打开素材 19

2. 用矩形工具画矩形

设置前景色为白色，在文件"17.jpg"中，选择矩形工具并在属性栏中设置为【形状图层】▢，在图片的左下角画出一个矩形，按<Ctrl＋T>组合键进行自由变换，在角度属性中输入"-12"（ -12 度），单击【进行变换】按钮，效果如图 4-4-18 所示，图层面板显示如图 4-4-19 所示。

图 4-4-18 自由变换

图 4-4-19 图层面板

3．调整图层样式

(1) 选择"形状 1"为当前图层，单击图层面板的【添加图层样式】按钮。

(2) 进行【投影】与【描边】的设置，注意描边颜色为白色，像素大小为 5 像素，具体参数设置如图 4-4-20 和图 4-4-21 所示。

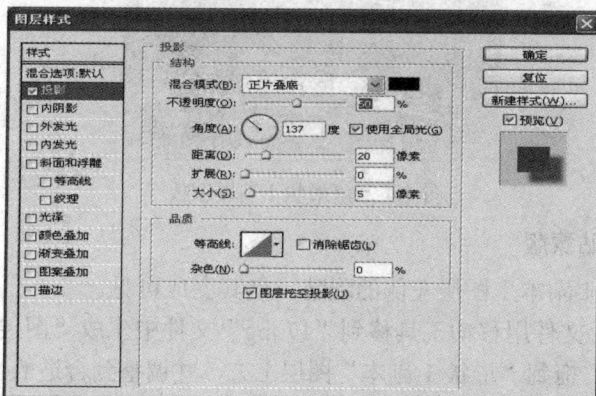

图 4-4-20 【投影】参数设置

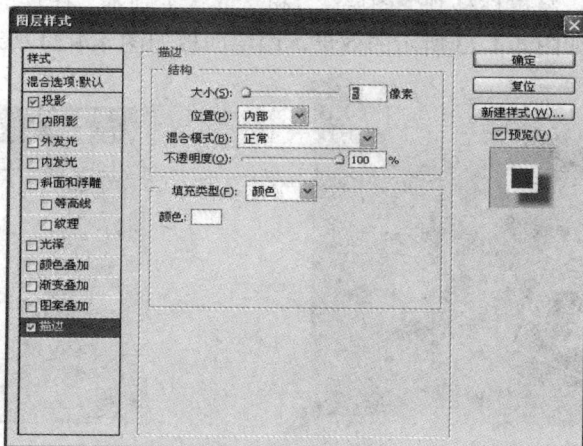

图 4-4-21 【描边】参数设置

4．复制一个形状图层

(1) 将"形状 1"图层拖到图层面板的【创建新图层】按钮上，得到"形状 1 副本"图层。

(2) 按<Ctrl＋T>组合键进行自由变换，在角度属性中输入"-12"（ -12 度），该图层自由变换旋转 -12 度。

(3) 单击"形状 1 副本"左侧的眼睛图标，关闭该图层的可见性。

5．移动图片到"17.jpg"中

(1) 将"18.jpg"文件用移动工具移到"17.jpg"文件中生成"图层 1"，并调整位置遮住形状图层。

(2) 将"图层 1"拖到"形状 1"图层上方。

(3) 按住<Alt>键，将鼠标移到"图层 1"和"形状 1"图层的中间，当出现 图标时单击，即可得到如图 4-4-22 所示的效果。

图 4-4-22　形状 1 剪贴蒙板

6．创建两个剪贴蒙版

(1) 单击"形状 1 副本"图层左侧的眼睛，使其变成可见。

(2) 将"19.jpg"文件用移动工具移到"17.jpg"文件中生成"图层 2"。

(3) 将"图层 2"拖到"形状 1 副本"图层上方，并调整到合适的位置，做完剪贴蒙版后"图层 2"中"大鱼吃小鱼"的图片一定要完整地露出鱼头部分，鱼身部分灵活移动。

(4) 按住<Alt>键，将鼠标移到"图层 2"和"形状 1 副本"图层的中间，当出现 图标时单击，即可得到如图 4-4-23 所示的效果，图层面板如图 4-4-24 所示。

图 4-4-23　形状 1 副本剪贴蒙版

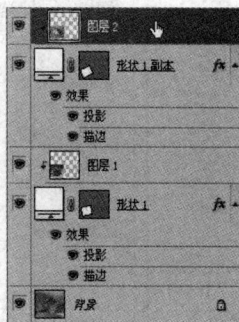

图 4-4-24　图层面板

7．移动第 3 张图片到"17.jpg"中

(1) 打开本书配套素材"20.jpg"文件，如图 4-4-25 所示。

(2) 在图层面板中，单击"背景"层，使其成为当前图层。

(3) 选择移动工具，将"20.jpg"移到"17.jpg"文件的右上角位置，生成"图层 3"，如图 4-4-26 所示。

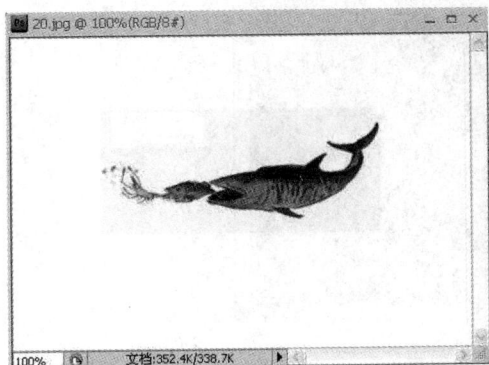

图 4-4-25　打开素材 20

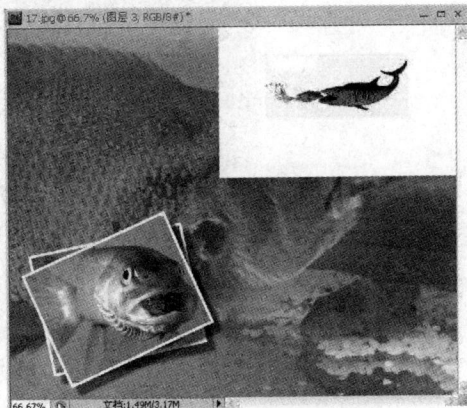

图 4-4-26　拖曳素材 20

8．添加"鱼形"形状工具

(1) 选择工具箱中的自定义形状工具。

(2) 在其属性栏设置为【路径】，单击【形状】的下三角按钮，再单击下拉面板中的右三角按钮，选择【动物】命令，如图 4-4-27 所示。

(3) 在弹出的提示框中单击【追加】按钮，如图 4-4-28 所示。

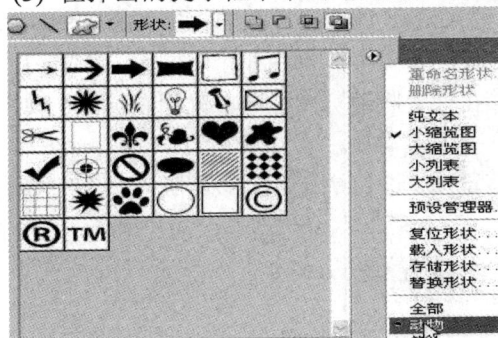

图 4-4-27　选择【动物】命令

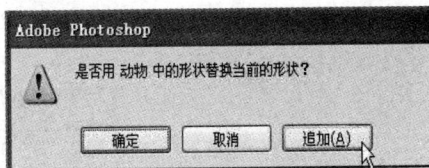

图 4-4-28　点击【追加】按钮

(4) 选择"鱼形"图案，在"图层 3"的适当位置按住鼠标左键拖动，得到一个鱼形路径。

(5) 按<Ctrl＋T>组合键进行自由变换，对着图片右击，在弹出的快捷菜单中选择【水平翻转】命令，调整其大小及位置。

(6) 执行【图层】→【矢量蒙版】→【当前路径】命令，即可将鱼形以外的内容删除。

9．填充鱼眼睛

选择椭圆选框工具，在鱼形眼睛部分按住<Shift>键，画出一个小圆圈选区，将前景色设置为黑色，按<Alt＋Del>组合键，将眼睛填充为黑色。

10．保存文件

保存文件，效果如图 4-4-29 所示。

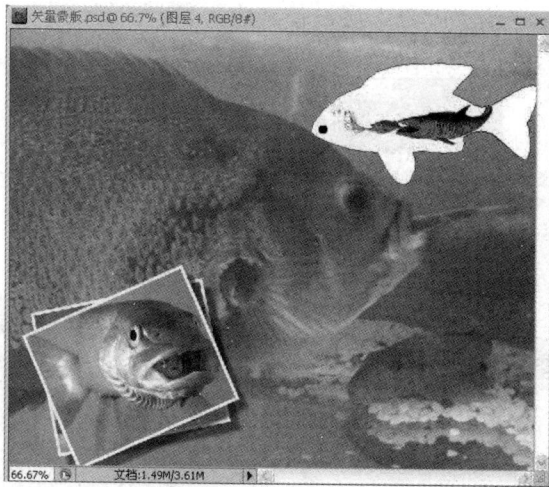

图 4-4-29　最终效果

4.4.4　关闭和删除蒙版

对于创建的蒙版，还可以进行关闭或删除操作，下面将对这两项操作进行介绍。

1．关闭蒙版

关闭蒙版的操作方法有三种，分别如下：

● 执行"图层"→"图层蒙版"→"停用"命令，此时在图层面板中，添加的蒙版上将出现红色的交叉符号，即表示已经关闭该蒙版，如图 4-4-30 所示。

● 在图层面板中选择需要关闭的蒙版，并在该蒙版缩览图处单击鼠标右键，在弹出的快捷菜单中选择"停用图层蒙版"选项，即可关闭该蒙版。

● 按住<Shift>键的同时，单击该蒙版的缩览图，即可快速关闭该蒙版。若再次单击该缩览图，则可以显示蒙版。

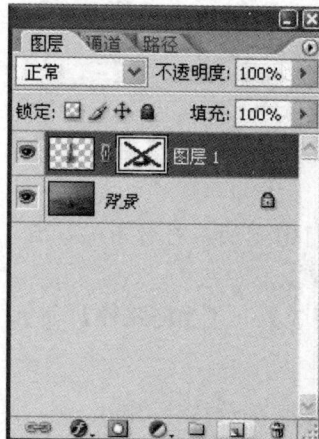

图 4-4-30　关闭蒙版

2．删除蒙版

删除蒙版的操作方法有三种，分别如下：

● 在图层面板中选择需要关闭的蒙版，并在该蒙版缩览图处单击鼠标右键，在弹出的快捷菜单中选择"删除图层蒙版"选项，即可删除该蒙版。

● 执行"图层"→"图层蒙版"→"删除"命令即可删除蒙版。

● 在"图层"面板中，单击该图层蒙版缩览图，然后将其拖曳至面板底部的"删除图层"按钮处(或直接单击面板底部的"删除图层"按钮)，此时将弹出一个提示框，单击"删除"按钮，即可删除该蒙版。

第五章　文字处理

要点、难点分析

要点：

- 文本、段落文本与文字的转换
- 文字变形效果
- 在路径上创建并编辑文字

难点：

- 文字的编辑方法及变形文字和路径文字的制作

难度：★

技能目标

- 学会 Photoshop 中文字的输入以及编辑方法
- 了解并掌握文字的功能及特点
- 掌握点文字、段落文字的输入方法，变形文字的设置以及路径文字的制作

德育目标

- 培养读者敬老爱幼的优良品德
- 加强读者支持正版、抵制盗版的意识

5.1　文字工具概述

　　Photoshop 中的文字是以一个独立的图层形式存在的，是以数学方式定义并基于矢量的文字轮廓组成的，这些轮廓是用来描述字样的字母、数字和符号。Photoshop 保留基于矢量的文字轮廓，并在缩放文字、调整文字大小、存储 PDF 或 EPS 文件或将图像打印到 PostScript 打印机时使用它们，因此，将可能生成与分辨率无关的边缘锐利的文字。

　　文字的输入主要是通过文字工具来实现的。在 Photoshop CS6 中，文字工具组中有 4 个工具，分别为横排文字工具、直排文字工具、横排文字蒙版工具和直排文字蒙版工具，如图 5-1-1 所示。

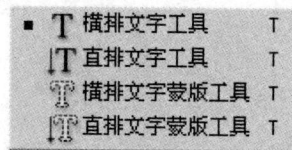

T 横排文字工具	T
T 直排文字工具	T
T 横排文字蒙版工具	T
T 直排文字蒙版工具	T

图 5-1-1　文字工具

　　文字工具在 Photoshop 的学习中是非常重要的内容，因为使用 Photoshop 制作广告、海报、招贴、包装、网页效果等，在处理完图像后，都要或多或少地添加上文字，作为注

释或者点缀，而且使用 Photoshop 还可以制作很多文字效果，所以熟练掌握 Photoshop 中的文字工具是很重要的。

5.2　文字工具的基本操作

5.2.1　文本、段落文本与文字的转换

1. 输入水平、垂直文字

选择横排文字工具，或按<T>键，在页面中单击插入光标，可输入横排文字。横排文字工具属性栏如图 5-2-1 所示。

图 5-2-1　横排文字工具属性栏

选择直排文字工具，可以在图像中建立垂直文本。直排文字工具属性栏和横排文字工具属性栏的功能基本相同。

2. 创建文字形状选区

横排文字蒙版工具：可以在图像中建立横排文字的选区。横排文字选区工具属性栏和横排文字工具属性栏的功能基本相同。

直排文字蒙版工具：可以在图像中建立垂直文字的选区。垂直文字选区工具属性栏和横排文字工具属性栏的功能基本相同。

3. 字符设置

"字符"控制面板用于编辑文本字符。选择菜单"窗口"→"字符"命令，弹出"字符"控制面板，如图 5-2-2 所示。

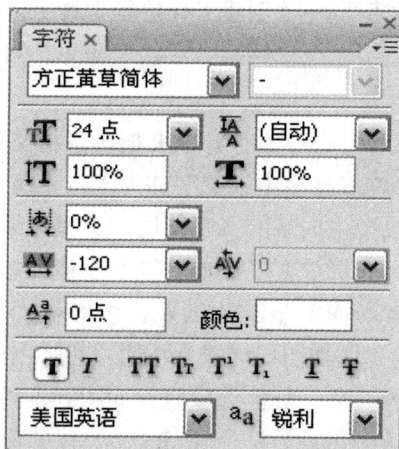

图 5-2-2　字符设置

4. 栅格化文字

选择菜单"图层"→"栅格化"→"文字"命令，或用鼠标右键单击文字图层，在弹出的菜单中选择"栅格化文字"命令，可以将文字图层转换为图像图层。

5. 输入段落文字

选择横排文字工具并将光标移动到图像窗口中，单击并按住鼠标不放，拖曳鼠标在图像窗口中创建一个段落定界框，插入点显示在定界框的左上角。段落定界框具有自动换行的功能，如果输入的文字较多，当文字遇到定界框边界时，会自动换到下一行。如果输入的文字需要分出段落，可以按<Enter>键进行操作。还可以对定界框进行旋转、拉伸等操作。

6. 编辑段落文字的定界框

将鼠标放在定界框的控制点上，拖曳控制点可以按需求缩放定界框。如果按住<Shift>键的同时拖曳控制点，可以成比例地缩放定界框。

将鼠标放在定界框的外侧，拖曳控制点可以旋转定界框。按住<Ctrl>键的同时，将鼠标放在定界框的外侧，拖曳鼠标可以改变定界框的倾斜度。

7. 段落设置

"段落"控制面板用于编辑文本段落。选择菜单"窗口"→"段落"命令，弹出"段落"控制面板。

8. 横排与直排

在图像中输入横排文字，选择菜单"图层"→"文字"→"垂直"命令，文字将从水平方向转换为垂直方向。

9. 点文字与段落文字、路径、形状的转换

选择菜单"图层"→"文字"→"转换为段落文本"命令，将点文字图层转换为段落文字图层；选择菜单"图层"→"文字"→"转换为点文本"命令，将建立的段落文字图层转换为点文字图层。

选择菜单"图层"→"文字"→"创建工作路径"命令，将文字转换为路径。

选择菜单"图层"→"文字"→"转换为形状"命令，将文字转换为形状。

【案例：心情日记】

(1) 执行"文件"→"打开"命令，打开本书配套素材文件"记事本.jpg"。

(2) 选择横排文字工具，在属性栏中设置字体为"方正黄草简体"，大小为"54 点"，输入需要的文字，在图层面板中生成新的文字图层，选择"编辑"→"自由变换"命令，文字周围出现变换框，将鼠标光标放在变换框的控制手柄外边，光标变成旋转图标，拖曳鼠标将文字旋转至适当的位置，如图 5-2-3A 所示，按<Enter>键确定操作。

(3) 单击图层面板下方的"添加图层样式"按钮，在弹出的菜单中选择"投影"命令，弹出对话框，将阴影颜色设为黑色，其他选项设置如图 5-2-3B 所示。选择"描边"选项，切换到相应的对话框，将描边颜色设为桔色(其 R、G、B 的值分别为 255、162、0)，其他选项设置如图 5-2-3C 所示，单击"确定"按钮，效果如图 5-2-3D 所示。

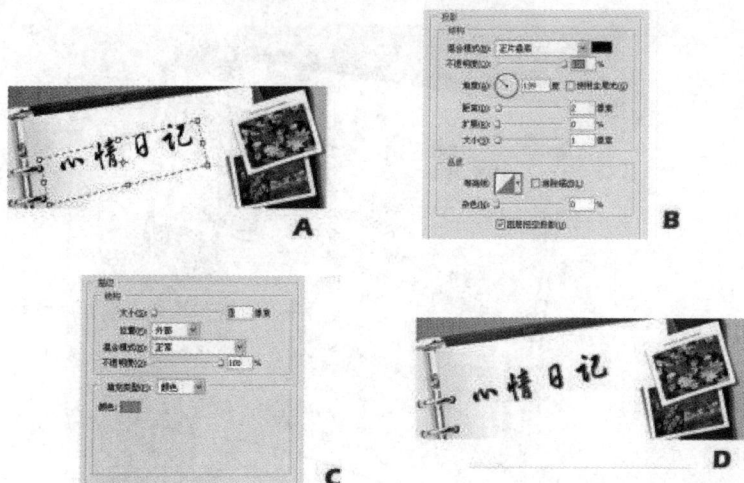

图 5-2-3 输入标题文字并设置

(4) 选择横排文字工具，在图像窗口中单击并按住鼠标不放，向右下方拖曳鼠标，在图像窗口中拖曳出一个段落文本框，将鼠标光标放在段落文本框的控制手柄外边，光标变为旋转图标，拖曳鼠标将文本框旋转到适当的位置，按<Enter>键确定操作。在文本框中输入需要的文字，设置字体为"黑体"，大小为"14 点"，按<Ctrl＋A>组合键，选中文字，在段落面板中进行设置，如图 5-2-4A 所示，文字效果如图 5-2-4B 所示。

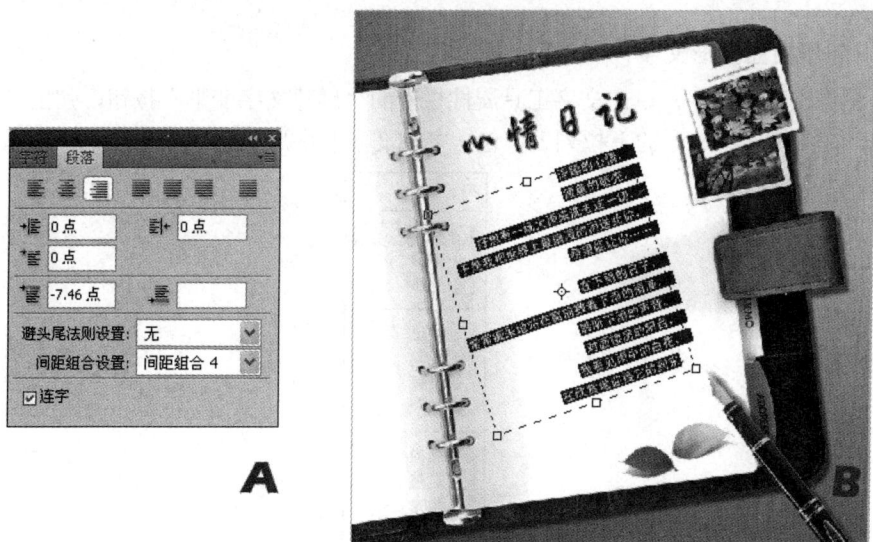

图 5-2-4 输入段落文字并进行设置

(5) 单击图层面板下方的"创建新图层"按钮，生成新的图层并将其命名为"线条"，将前景色设为黑色，选择钢笔工具，选中属性栏中的路径按钮，在图像窗口中绘制一条路径。选择画笔工具，在属性栏中单击画笔选项右侧的按钮，弹出画笔选择面板，在面板中选择需要的画笔形状，设置其主直径为 14 px。

(6) 单击路径面板下方的"用画笔描边路径"按钮，在路径控制面板的空白处单击鼠标，隐藏路径，最终的效果如图 5-2-5 所示。

图 5-2-5 【案例：心情日记】

5.2.2　文字变形效果

1. 制作扭曲变形文字

在图像中输入文字，单击文字工具属性栏中的"创建文字变形"按钮，弹出"变形文字"对话框，在"样式"选项的下拉列表中包含多种文字的变形效果，如图 5-2-6 所示。

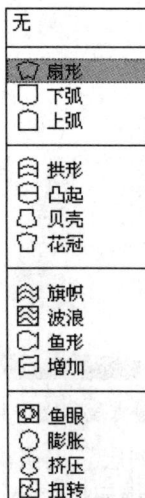

图 5-2-6　文字变形效果

2. 设置变形选项

如果要修改文字的变形效果，只需调出"变形文字"对话框，在对话框中重新设置样式或更改当前应用样式的数值即可。

3．取消文字变形效果

如果要取消文字的变形效果，可以调出"变形文字"对话框，在"样式"选项的下拉列表中选择"无"。

【案例：敬老爱幼】

(1) 执行"文件"→"打开"命令，打开本书配套素材文件"天地人和.psd"。

(2) 选择横排文字工具，在属性栏中设置字体为"方正小标宋简体"，大小为"54 点"，输入需要的文字。单击工具属性栏中的"提交所有当前编辑"按钮，确认输入的文字。

(3) 执行"图层"→"图层样式"→"描边"命令，弹出"图层样式"对话框，单击"填充类型"右侧的下拉按钮，在弹出的下拉选项中选择"渐变"选项，然后单击"点按可编辑渐变"图标，弹出"渐变编辑器"对话框，设置各选项参数如图 5-2-7A 所示。

(4) 单击"确定"按钮，设置图层样式对话框中相应的选项参数，如图 5-2-7B 所示。

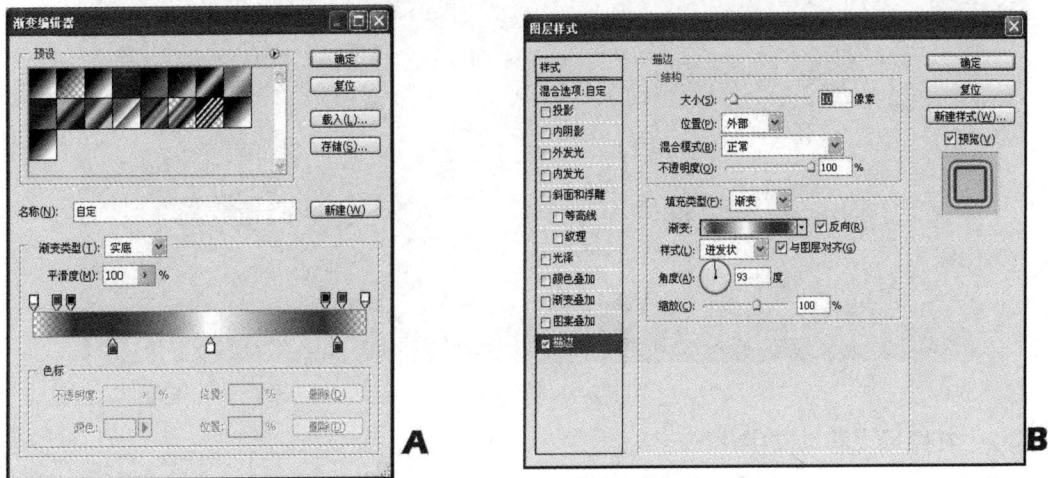

图 5-2-7　"渐变编辑器"对话框与"图层样式"对话框

(5) 执行"图层"→"文字"→"变形文字"命令，弹出"变形文字"对话框，在"样式"下拉列表中选择"增加"样式，单击"确定"按钮，即可对文字进行变形。也可选择不同的样式，对文字进行不同的变形，效果如图 5-2-8 所示。

图 5-2-8　变形文字效果

5.2.3　在路径上创建并编辑文字

1. 在路径上创建文字

选择"钢笔"工具，在图像中绘制一条路径。选择"横排文字"工具，将鼠标放在路径上，单击路径出现闪烁的光标，此处为输入文字的起始点。输入的文字会沿着路径的形状进行排列。取消"视图"下的"显示额外内容"命令的选中状态，可以隐藏文字路径，如图 5-2-9 所示。

图 5-2-9　创建路径文字

2. 在路径上移动文字

选择"路径选择"工具，将光标放置在文字上，单击并沿着路径拖曳鼠标，可以移动文字。

3. 在路径上翻动文字

选择"路径选择"工具，将光标放置在文字上，将文字向路径内部拖曳，可以沿路径翻转文字。

4. 修改路径绕排文字的形态

创建了路径绕排文字后，同样可以编辑文字绕排的路径。选择"直接选择"工具，在路径上单击，路径上显示出控制手柄，拖曳控制手柄修改路径的形状，文字会按照修改后的路径进行排列。

5.3　滚动文字的制作

Photoshop 的时间轴上可以创建视频时间轴和帧动画两种类型的动画。视频时间轴是一个整体连贯的图层或智能对象，可以对其进行裁剪、关闭音频、添加转场效果等。帧动画相当于是把整个连贯的动作拆分成单一的慢动作回放图层,可以对每个图层进行单独操作,设置每帧时长。两种形式的动画可以相互转换。

在 Photoshop CS6 的"窗口"菜单栏中选择"时间轴",即可打开"时间轴"动画控制面板(默认情况下面板中显示的为"时间轴"),用于设置时间轴动画效果。单击面板左下角的"转换为帧动画"按钮,即可切换到"帧"动画控制面板,帧动画是由一帧一帧的画面组合而成的动态图像,结合"图层"控制面板,可以创建简单的帧动画效果。

【案例:滚动文字】

(1) 打开素材"滚动文字.jpg",在工具箱中选择"文字工具",输入文字,如图 5-3-1 所示。

图 5-3-1 输入文字

(2) 右键单击文字图层,选择"删格化"命令,然后单击"图层面板"中的"添加图层蒙版"按钮,为文字图层添加蒙版,如图 5-3-2 所示。

图 5-3-2 添加图层蒙版

(3) 使用"矩形选框工具"创建一个选区,把文字围起来,然后按下<Shift+F6>组合键设置羽化选区,如图 5-3-3 所示。

图 5-3-3　羽化选区

　　(4) 按下<Ctrl+I>键执行反向选择命令，接着单击图层蒙版，使用"油漆桶工具"在蒙版的选区中填充黑色，如图 5-3-4 所示。

图 5-3-4　填充颜色

(5) 取消图层蒙版链接到图层(单击图层中红色圈的地方)，如图 5-3-5 所示。

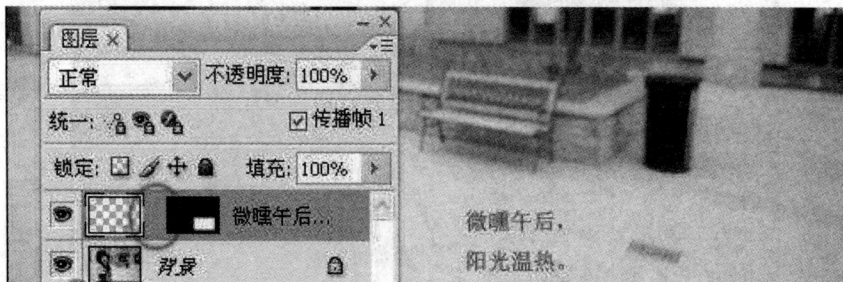

图 5-3-5　取消图层蒙版连接到图层

　　(6) 在菜单中选择"窗口"→"时间轴"命令，打开"时间轴"面板，然后使用工具箱中的"移动工具"向下拖动文字图层直到消失。

　　(7) 单击"动画面板"中的"复制所选帧"按钮得到第 2 帧，如图 5-3-6 所示，然后使用"移动工具"向上拖动文字图层，直到消失为止。

图 5-3-6　复制所有帧

(8) 单击第 1 帧，接着单击动画面板中的"过渡动画帧按钮"，设置过度到下一帧，添加的帧数可以自由决定，如图 5-3-7 所示。

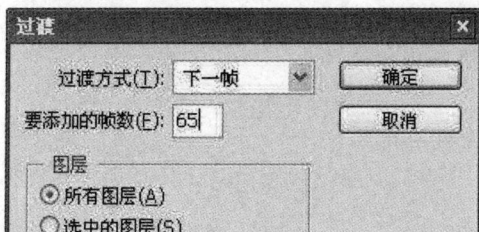

图 5-3-7　过渡

(9) 全选所有帧，设置延迟时间，如图 5-3-8 所示。

图 5-3-8　设置延迟时间

(10) 在菜单栏中选择"文件"→"储存为 Web 和设置所有格式"命令，设置 GIF 格式后保存即可。

第六章　色彩与色调的调整

重点、难点分析

重点：
- 色彩的色相、饱和度和亮度
- 色调调整命令的调整方法和技巧
- 色彩调整命令的调整方法和技巧

难点：
- 色彩的色相、饱和度和亮度

难度：★★

技能目标
- 理解并掌握色彩的色相、饱和度和亮度
- 熟悉各种色调调整命令的调整方法和技巧
- 掌握各种色彩调整命令的调整方法和技巧
- 了解各种特殊色彩调整命令的调整方法和技巧

德育目标
- 加深读者热爱家乡，为家乡服务的情感
- 培养读者保护海洋环境，维护生态平衡的意识

6.1　色彩基本理论

现实世界多姿多彩，图像设计人员总是在不断地探索如何更逼真地反映出自然界的真实色彩。在数字图像的显示、编辑和印刷过程中，人们逐渐制定出 RGB、CMYK、Lab、HSB 等多种颜色模式，这些颜色模式表示颜色的原理和范围各不相同，故将其应用在不同领域。无论何种颜色模式的图像，运用调整功能调整图像时，Photoshop 基本上都是通过调整图像的色相、饱和度和亮度来达到控制图像色彩的目的的。

6.1.1　基本概念

颜色可以产生对比效果，使图像显得更加绚丽，同时激发人的感情和想象力。恰如其分地设置颜色能够使黯淡的图像光彩照人，使毫无生气的图像充满活力。对于设计者而言，颜色的正确运用至关重要。当颜色搭配不合理时，表达的概念就不完整，图像也就不能传达设计者的思想。设想一幅本应郁郁葱葱、蓝天白云的户外风景图片，由于树木色彩偏黄、蓝天色彩偏灰，导致大自然的壮丽景色无法展现出来，而本应生气勃勃、意存高远的境界

也就无法传递给受众。自然界的色彩虽然各不相同，但任何色彩都具有色相、亮度、饱和度这三个基本属性(即色彩的三要素)。

1. 色相

通俗地讲，色相就是颜色的相貌，是指色彩的颜色，也就是色彩给我们的感觉。它是色彩最显著的特征，是不同波长的色光被感觉的结果。光谱中有红、橙、黄、绿、蓝、紫六种基本色光，人的眼睛可以分辨出大约 180 种不同色相的颜色。在从红到紫的光谱中，等间地选择 5 种颜色，即红(R)、黄(Y)、绿(G)、蓝(B)、紫(P)。相邻的两个色相相互混合又得到橙(YR)、黄绿(GY)、蓝绿(BG)、蓝紫(PB)、紫红(RP)，从而构成一个首尾相交的环，被称为蒙赛尔色相环。例如，我们常说红花绿草，"红"和"绿"就是两种不同的颜色。我们调整图像的色相，其实就是在调整图像的颜色。

2. 饱和度

饱和度是指色彩的鲜艳程度，也称色彩的纯度。饱和度取决于该颜色中含色成分和消色成分(灰色)的比例。含色成分越大，饱和度越大；消色成分越大，饱和度越小。在"拾色器"对话框中选择 S(饱和度)单选按钮，色相、饱和度和亮度的关系如图 6-1-1 所示，纵坐标表示亮度 B 值，横坐标表示色相 H 值。当饱和度 S 不变时，在对话框中可以选择各种色相，该饱和度的值是色彩到黑色之间的过渡色。当 S(饱和度)为 100 时，"拾色器"顶部色彩为各种色相最饱的颜色；当 B(亮度)为 100 时，调整 H(色相)，可以选择红、黄、蓝、紫，以及相邻两者之间的过渡颜色；当 B(亮度)为 0 时，调整 H(色相)，只能选择黑色。饱和度决定了色彩的浓度。当 S(饱和度)为 0 时，"拾色器"顶部颜色为白色，即对话框中的色彩为最不饱和颜色，调整 B、H 只能选择白色、灰色和黑色。

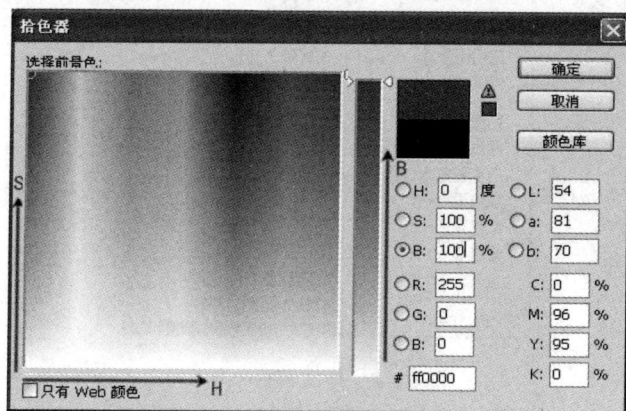

图 6-1-1　色相、饱和度和亮度的关系

3. 亮度

亮度是指色彩的深浅、明暗，它取决于反射光的强度。任何色彩都存在明暗变化，其中黄色亮度最高，紫色亮度最低，绿、红、蓝、橙的亮度相近，为中间亮度。另外在同一色相的亮度中还存在深浅的变化，如绿色中由浅到深有粉绿、淡绿、翠绿等亮度变化。在"拾色器"对话框中选择 B(亮度)单选按钮，纵坐标表示亮度 S 值，横坐标表示色相 H 值。当亮度不变时，在对话框中可以选择各种颜色，该亮度值的色彩饱和度是从 0%~100%之间的过渡色。

在 Photoshop 中，色相、饱和度和亮度是通过颜色对比度、颜色饱和度和色调来表示的。

1. 颜色对比度

颜色对比度是指颜色间的差异，包括色相对比度和色彩对比度。通过调整颜色的对比度，可以增强图像的层次感。

2. 颜色饱和度

颜色饱和度是指图像颜色的彩度，也就是我们常说的颜色深浅度。调整图像的颜色饱和度，其实就是调整图像颜色的彩度。

3. 色调

色调是指各种色彩模式下图像颜色的明暗程度。在 Photoshop 中，颜色色调的取值范围为 0~255，共有 256 种色调。调整图像的色调，其实就是调整颜色的明暗度。

6.1.2　图像色彩模式与转换

图像的色彩模式是指图像颜色的属性，不同色彩模式的图像，其应用范围和颜色表现手法不同，因此，在进行图像效果处理时，应根据图像的应用范围，改变图像的色彩模式。"图像"→"模式"菜单下有一组命令，这些命令可以对图像的色彩模式进行转换，如图 6-1-2 所示。

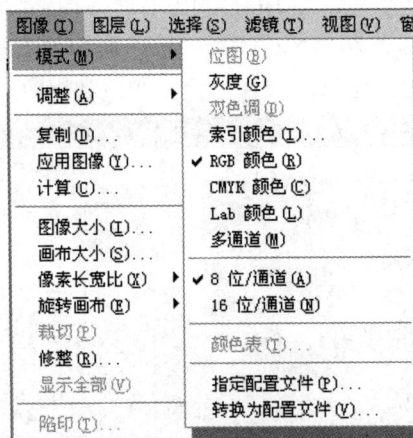

图 6-1-2　模式转换菜单

6.2　色调调整命令

6.2.1　色阶

色阶主要用于调节图像的亮度。用色阶来调节亮度，图像的对比度、饱和度损失比较小，而且色阶调整可以通过输入数字，对亮度进行精确的设定。色阶属于曲线的一个分支功能。启动 Photoshop，打开一幅图像，在主菜单中选择"图像"→"调整"→"色阶"命令(快捷键<Ctrl＋L>)，调出"色阶"对话框，如图 6-2-1 所示。

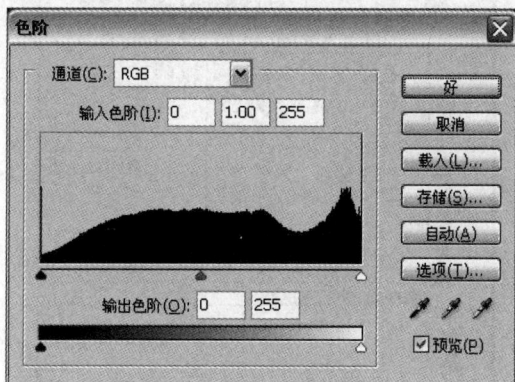

图 6-2-1 "色阶"对话框

【通道】：选择要进行色彩校正的颜色通道。

【输入色阶】：三个数值框分别对应着明暗分布图下的三个"△"形滑块，通过它们可以调整图像的暗调、中间调和高光区的亮度。可以直接在数值框中输入数值，也可以拖动三角滑块进行颜色亮度的调整。

【输出色阶】：两个数值框分别对应亮度渐变条下的两个滑块，通过它们可以调整图像中颜色的亮度值。

"色阶"对话框的右侧有三个吸管，分别为黑色吸管、灰色吸管和白色吸管，使用其中任何一个吸管在图像中单击，都将改变【输入色阶】的值，用这种方法可以改变图像的色彩范围，如图 6-2-2 所示。

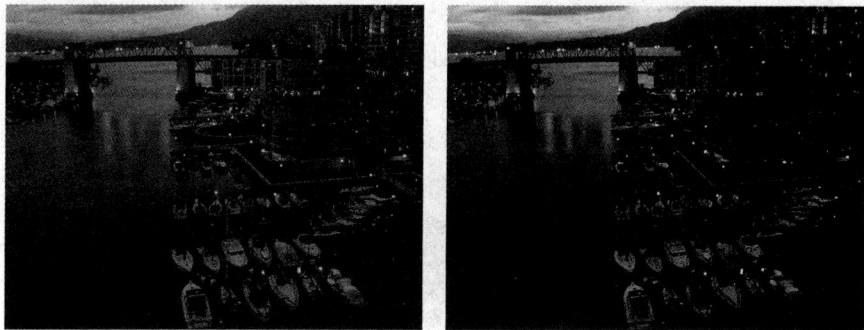

图 6-2-2 使用色阶调整

6.2.2 曲线

在 Photoshop 中虽然提供了众多的色彩调整工具，但实际上最为基础、最为常用的是曲线。其他的一些如亮度/对比度、色阶等，都是由此派生出来的。因此理解了曲线就能触类旁通地掌握其他很多色彩调整命令。

使用曲线命令，可以通过曲线的形式精确调整图像的明亮对比度（0～255）。通过对曲线形状的编辑可以产生各种颜色效果。单击菜单栏中的"图像"→"调整"→"曲线"命令(快捷键<Ctrl＋M>)，弹出"曲线"对话框，如图 6-2-3 所示。

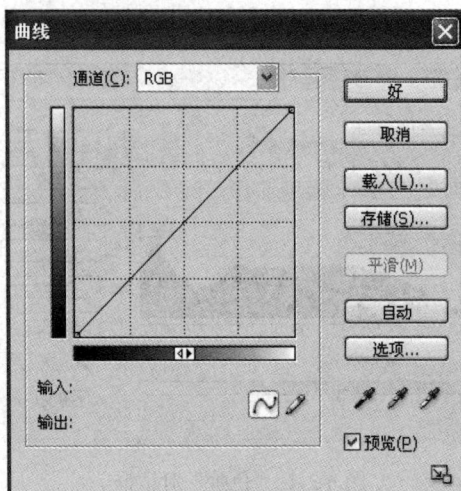

图 6-2-3　"曲线"对话框

【通道】：选择不同的颜色通道进行色彩校正。

在曲线图中，水平轴表示像素原来的亮度值，与下方的【输入】值相对应；垂直轴表示调整后的亮度值，与下方的【输出】值相对应。

将鼠标移动到曲线窗口中，在曲线上单击，可以添加一个调节点，拖曳该调节点，可以调整图像中该范围内的亮度值。在曲线上最多可以添加 14 个调节点。

用鼠标拖曳某个调节点至曲线图以外，可删除该点，但是曲线的两个端点不允许删除。

【案例：曲线】

在 Photoshop 中打开图 6-2-4 所示图片，此图片存在图像的层次区分不够，高光不够亮，暗调不够暗的问题。通过对图像亮度的观察，我们可以发现，近处的山体属于暗调区域，天空和湖水中反光的地方属于高光区域，远处的山体和湖水属于中间调。现在我们要将此图片调成夕阳西下的情景，提高图片中的色彩层次。

图 6-2-4　示例图片

(1) 使用曲线命令"图像"→"调整"→"曲线"(快捷键<Ctrl＋M>)，将会弹出如图 6-2-5 所示的对话框，其中有一条呈 45°的线段，这就是所谓的曲线。注意最上方有个通道选项，默认情况下为 RGB 通道。曲线线段左下角的端点代表暗调，右上角的端点代表高光，中间的过渡代表中间调。在线段中间单击的时候，会产生一个控制点，可以进行上下的移动。

（2）由于要将整幅图像调整成为傍晚时分的样子，因此在中间调的部分单击产生一个控制点，然后向下移动，画面的整体亮度将降低，如图 6-2-6 所示。

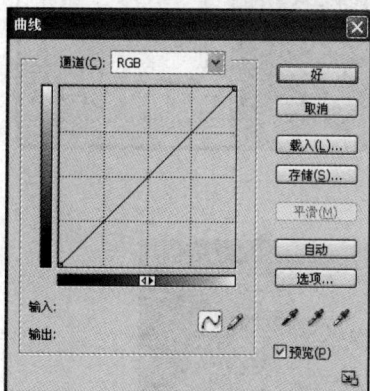

图 6-2-5　"曲线"对话框

图 6-2-6　调整整体亮度

（3）傍晚时分的天空应该是金黄色的，天空属于高光部分，而金黄色是由红色加上黄色混合而成的。在【通道】下拉列表中，选择【红通道】，在高光部分单击鼠标左键选取最右边的端点，向左移动，对应【输入】文本框中的数值为 222 时停止移动，表明原本红通道内亮度级别为 222 之后的所有像素点全部提升到 255 的亮度级别，高光区域偏红。但是在提升高光区域的亮度的同时，中间调的亮度也跟着提升了，即湖水和远山也跟着偏红，因此需要将其恢复到原来的颜色状态。在曲线中间的位置单击鼠标左键，产生一个控制点，向下移动到中间点的位置，如图 6-2-7 所示。

图 6-2-7　调整红通道的亮度

（4）同样的原理，选择【蓝通道】，将高光区域的端点向下移动，对应【输出】文本框中的数值为 158，由于高光区域蓝色降低，由此显示出蓝色的相反色黄色。由于中间调的部分亮度也跟着降低，画面偏黄，因此要将中间调的亮度恢复到原来的状态，相关调整如图 6-2-8 所示。

图 6-2-8　调整蓝通道的亮度

(5) 调整完之后，最终效果如图 6-2-9 所示。

图 6-2-9　最终效果

6.2.3　亮度/对比度

　　"亮度/对比度"命令可以对图像的色调范围进行简单的调整。与"曲线"命令和"色阶"命令不同，"亮度/对比度"命令可以一次性地调整图像中所有的像素：高光、暗调和中间调。另外，它对单个通道不起作用，所以该调整方法不适用于高精度的调节。执行"图像"→"调整"→"亮度/对比度"命令，弹出"亮度/对比度"对话框，如图 6-2-10 所示。

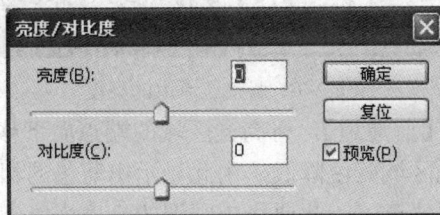

图 6-2-10　"亮度/对比度"对话框

【案例：最美的风景】

打开素材"风景.jpg"，观察图片，发现图片色彩暗淡，可以先从调整整体色彩开始。

(1) 双击背景图层，进行解锁，重命名为"背景"，然后复制"背景"图层，命名为"背景1"。

小助手提醒：在对图片进行处理的时候，一开始最好把图片复制一份，做个备份，这样如果后面处理的效果不理想，还可以对原图进行重新处理。而且很多时候也需要多次运用到原图，有了备份就很方便。

(2) 选择"背景 1"图层，选择"图像"→"调整"→"曲线"命令或者按<Ctrl+M>组合键，弹出"曲线"对话框，设置如图 6-2-11 所示。效果如图 6-2-12 所示。

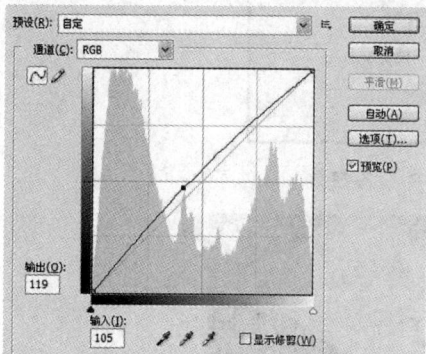

图 6-2-11　对"曲线"进行设置　　　　图 6-2-12　应用"曲线"后的效果

(3) 为了增强图片的层次感，可以调节图片的"亮度/对比度"。选择"图像"→"调整"→"亮度/对比度"命令，设置如图 6-2-13 所示。调节后的效果如图 6-2-14 所示。此时的图片比原图更清晰、明亮了。

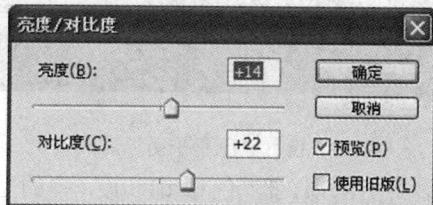

图 6-2-13　对"亮度/对比度"进行设置

图 6-2-14　设置"亮度/对比度"后的效果

观察这幅风景图,绿色应该是主色调,但观察后发现效果并不理想。这个时候,可以通过"色彩平衡"和"色相/饱和度"来调节主色调。

(4) 选择"图像"→"调整"→"色彩平衡"或者按<Ctrl+B>组合键,为了突出绿色,把"洋红—绿色"区间的色阶数值向绿色倾斜,具体设置如图 6-2-15 所示。效果如图 6-2-16 所示。

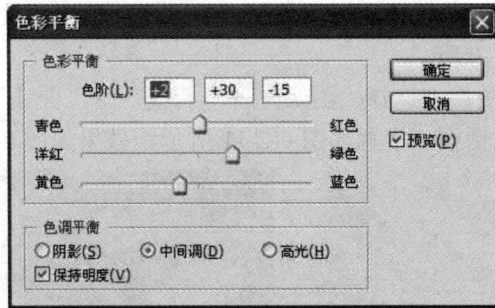

图 6-2-15　设置"色彩平衡"各参数

图 6-2-16　设置"色彩平衡"后的效果

(5) 为了使图像的绿色显得更浓郁,把"色相/饱和度"中的"饱和度"提高,如图 6-2-17 所示。

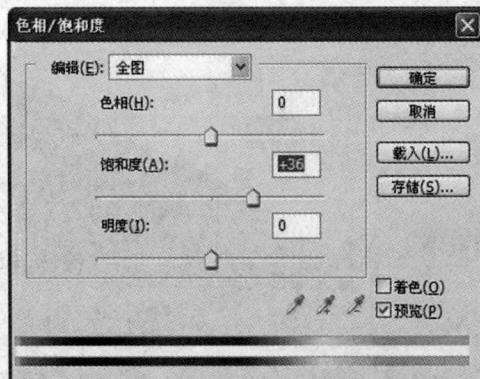

图 6-2-17　设置"色相/饱和度"参数

(6) 选择"图像"→"调整"→"可选颜色"命令，弹出"可选颜色"对话框，先调整青色，如图 6-2-18 所示。接着调整蓝色，如图 6-2-19 所示。

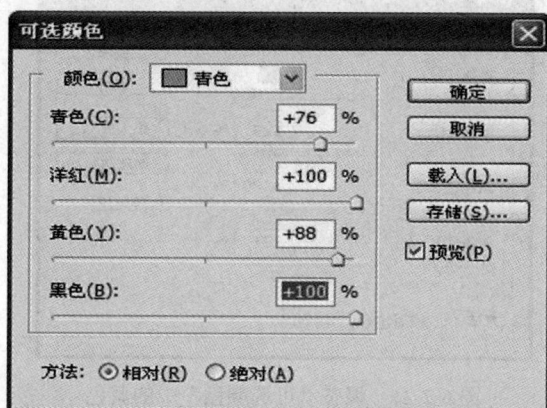

图 6-2-18　调整"可选颜色"中的青色

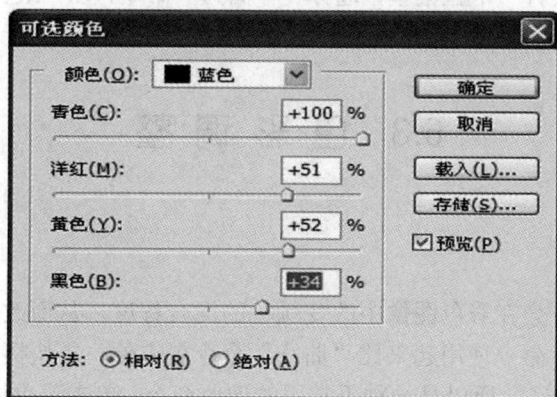

图 6-2-19　调整"可选颜色"中的蓝色

天空调好了，再观察图片，会发现草地的颜色还是不鲜艳，有点朦胧的感觉。有了上一步骤的经验，应该就知道怎么处理了。

(7) 利用"色阶"工具把图片再提亮些，如图 6-2-20 所示。

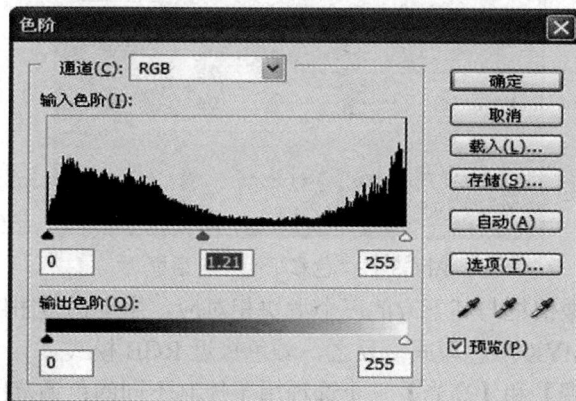

图 6-2-20　"色阶"设置

(8) 选择"图像"→"调整"→"可选颜色"命令，调整黄色，如图 6-2-21 所示。

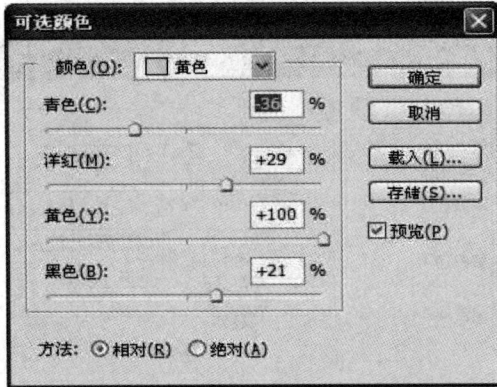

图 6-2-21　调整"可选颜色"中的黄色

(9) 点击"文件"→"存储"命令，以"最美的风景"为文件名，保存为 PSD 格式。

(10) 再次点击"文件"下拉菜单，选择"存储为"命令，以"最美的风景"为文件名，保存为 JPEG 格式。

6.3　色彩调整

6.3.1　色彩平衡

"色彩平衡"命令会在彩色图像中改变颜色的混合程度，从而改变图像整体的色彩平衡。虽然"色彩平衡"命令使用起来比"曲线"命令更方便、更快捷。但由于它只能对图像进行一般化的色彩校正，所以是一种不常用的调色命令。单击菜单栏中的"图像"→"调整"→"色彩平衡"命令(或按快捷键<Ctrl＋B>)，打开"色彩平衡"对话框，如图 6-3-1 所示。

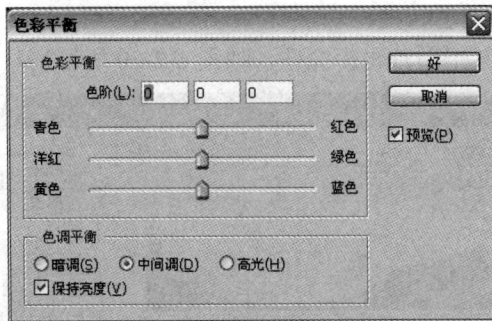

图 6-3-1　"色彩平衡"对话框

【色阶】的三个数值框与其下方的三个滑块相对应，用于调整图像的色彩。当滑块靠左边时，颜色接近 CMYK 颜色模式，反之，颜色接近 RGB 模式。

【暗调】、【中间调】和【高光】三个选项用于控制不同的色调范围。在进行图像色彩调整时，应首先调整图像的暗调区域，再调整中间调区域，最后调整高光区。勾选【保持亮度】选项，可以保证在调整图像色彩时，图像亮度不受影响。

　　【案例：涂彩】

　　(1) 执行"文件"→"打开"命令，打开本书配套素材文件"黑白.jpg"。

　　(2) 选取工具箱中的多边形套索工具，设置其参数"羽化"值为 2 像素(设置羽化值可以使上色的边缘看上去更加柔和、自然)，使用多边形套索工具沿人物皮肤的周围绘制选区，如图 6-3-2A 所示。

　　(3) 执行"图像"→"调整"→"色彩平衡"命令，在弹出的"色彩平衡"对话框中，设置色阶为(+100，0，-85)，效果如图 6-3-2B 所示。

图 6-3-2　调整皮肤的颜色

　　(4) 运用相同的方法选择左边人物的衣服，执行"图像"→"调整"→"色彩平衡"命令，在弹出的"色彩平衡"对话框中，设置色阶为(+100，0，-85)。

　　(5) 选择左边人物的头发，执行"图像"→"调整"→"色彩平衡"命令，在弹出的"色彩平衡"对话框中，设置色阶为(+50，-23，-100)，最终的效果如图 6-3-3 所示。

图 6-3-3　最终的效果图

6.3.2　色相/饱和度

　　"色相/饱和度"命令是以色相、饱和度和明度为基础，对图像进行色彩校正的。它既可以作用于综合通道，也可以作用于单一的通道，还可以为图像染色。而且它还可以通过给像素指定新的色相和饱和度，实现给灰色图像上色彩的功能，因此是一种比较常用的图像色彩矫正命令。单击菜单栏中的"图像"→"调整"→"色相/饱和度"命令(或按快捷键<Ctrl+U>)，弹出"色相/饱和度"对话框，如图 6-3-4 所示。

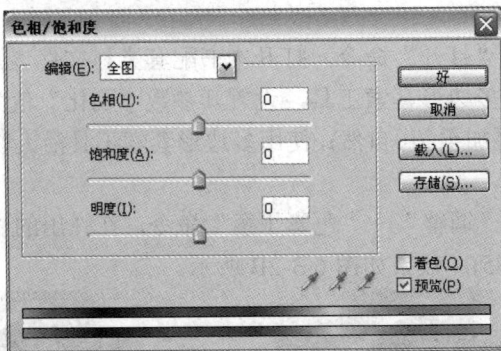

图 6-3-4　"色相/饱和度"对话框一

在【编辑】下拉列表框中选择需要调整的颜色，分别调整【色相】(范围：−180~180)、【饱和度】(范围：−180~180)和【明度】(范围：−100~100)的值，可以达到色彩校正的目的。勾选【着色】选项，可以为灰度图进行着色。

当在【编辑】列表框选中"全图"选项之外的其他选项时，对话框中的 3 个吸管按钮会被置亮，并且在其左侧多了四个数值显示，如图 6-3-5 所示。

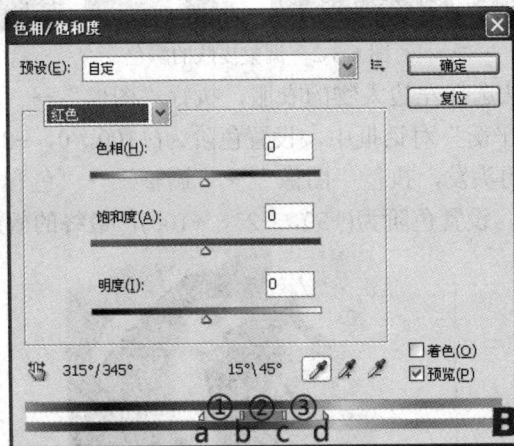

图 6-3-5　"色相/饱和度"对话框二

这四个数值分别对应其下方的颜色条上的四个滑标(a、b、c、d)。它们都是为改变图像的色彩范围而设定的。拖移②区域，可以选择不同的颜色范围；拖移①、③可以调整范围而不影响衰减量，向两端相背移动可使颜色范围扩大，反之使颜色范围减小；拖移 b、c可以调整颜色成分的范围，向两端相背移动可扩大颜色范围，减少衰减程度(向中间相对移动则相反)；拖移 a、d 可以调整颜色衰减量而不影响颜色范围。吸管工具的具体功能如下：

颜色吸管：用该吸管在图像中单击，可以选定一种颜色作为色彩调整的范围。

颜色追加吸管：用该吸管在图像中单击，可以将选中的颜色追加为色彩调整范围。

颜色删减吸管：用该吸管在图像中单击，可以将选中的颜色从原有的色彩调整范围中删除。

在对话框右下角有一个"着色"复选框。当选中"着色"复选框时，Photoshop CS6 会在"编辑"下拉列表框中默认选择"全图"选项，可以为一幅灰色或黑白的图像上色，使图像变成一幅单彩色图像。如果是处理一幅彩色图像，则选中此复选框后，所有彩色颜色都将变为单一色彩，因此处理后图像的色彩会有一些损失。单击"载入预设"或"存储预设"按钮，可以载入或保存对话框中的相关设置，其文件扩展名为 .AHU。图 6-3-6 所示为使用"色相/饱和度"命令调整后的图像效果。

图 6-3-6　使用"色相/饱和度"命令调整图像

【案例：暮归】

1. 把背景图片调清晰

(1) 点击"文件"→"打开"命令或者按下<Ctrl+O>快捷键，选择"草原.jpg"，单击"打开"按钮。

(2) 观察图片，发现图片有点朦胧、模糊的感觉，必须进行清晰处理。

(3) 点击"图像"→"调整"→"色阶"命令或者按下<Ctrl+L>组合键，如图 6-3-7 所示。

图 6-3-7　选择"色阶"命令

(4) 调整"输入色阶"中间值，如图 6-3-8 所示。

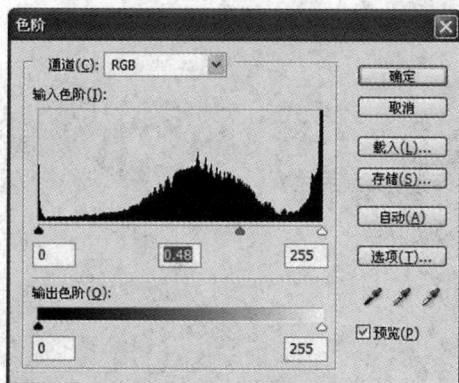

图 6-3-8　调整"输入色阶"

小助手提醒：在 Photoshop 中调节命令参数时，图像会随着参数的变化而直接产生变化，所以为了更好地观察调节效果，请把设置对话框移到外围一些，不要遮挡住图像窗口，这样便于观察。

2．把夕阳图片和草原图片进行合成

(1) 双击背景层，弹出"新建图层"对话框，输入名称"草原背景"，单击"确定"按钮。

(2) 打开"夕阳.jpg"图片，用矩形选框工具选择所需要的区域，用移动工具把选区素材拖动到"草原"文件中，把图层命名为"夕阳"，然后把"夕阳"图层移到"草原背景"图层下面，如图 6-3-9 所示。

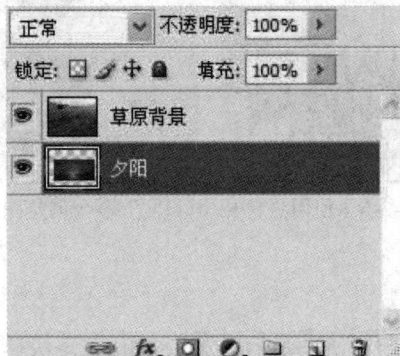

图 6-3-9　改变图层后的效果

(3) 把草原背景中的天空抠取出来并删除，就能看到下层的夕阳图片了。

(4) 观察图片，天空区域颜色相近，所以可以用"魔棒工具"来选取。

(5) 点击"魔棒工具"，设置容差值为 60。点击"添加到选区"按钮，把天空区域选中，按<Del>键删除，如图 6-3-10 所示。

图 6-3-10　删除天空区域后的效果

(6) 点击"夕阳"图层，按<Ctrl＋T>组合键调整图片大小并摆放到合适位置，如图 6-3-11 所示。

图 6-3-11　调整"夕阳"图层后的效果

3. 调节夕阳照射效果

(1) 点击"草原背景"图层，点击"图像" → "调整" → "色相/饱和度"命令，或者按下<Ctrl+U>组合键。

(2) 调节各项参数，如图 6-3-12 所示。

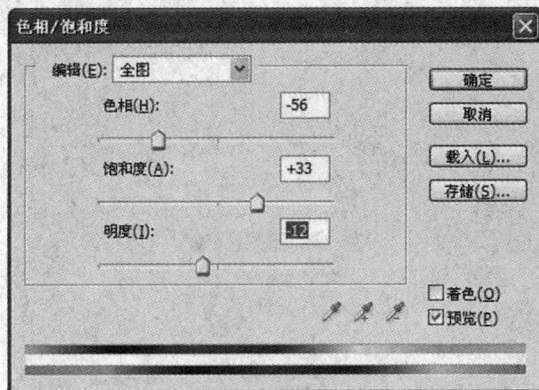

图 6-3-12　对"色相/饱和度"各参数进行设置

4. 导入汽车，进行合成

(1) 打开本书配套素材文件"越野车 4.jpg"。

(2) 点击磁性套索工具，选取车身边缘颜色深的区域，单击鼠标，然后沿着车身轮廓移动鼠标，把汽车全部选取，双击鼠标，形成选区。用移动工具将汽车拖动到新文件中，把所在图层命名为"汽车"。按<Ctrl＋T>组合键改变图片大小，移动到合适位置，如图 6-3-13 所示。

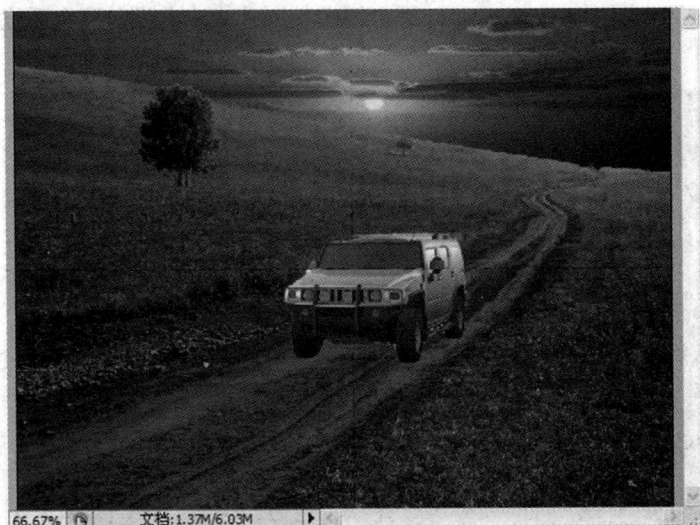

图 6-3-13　把汽车放在合适位置后的效果

　　想象下现实中的这幅风景图，在夕阳照射下，汽车一定要有阴影效果。只有这样，画面才会显得真实。

　　(3) 点击汽车图层，按住<Ctrl>键的同时点击图层缩略图，调出汽车选区，新建图层，用黑色填充，取消选区，把新图层移动到汽车图层下面，自由变换，并调整"图层不透明度"为 60 %，如图 6-3-14 所示，制作出汽车阴影效果。

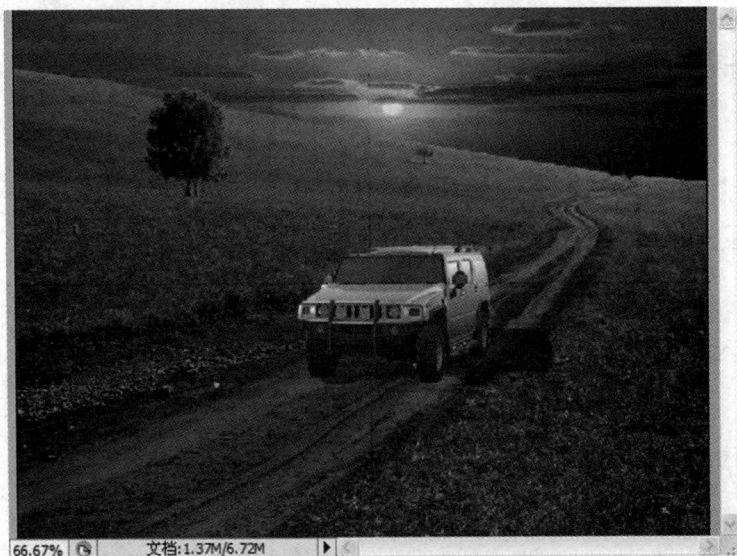

图 6-3-14　制作汽车阴影效果

　　小助手提醒："图层不透明度"可用来调节图层的不透明度，范围是 0%～100%，也就是说调为 100%时为不透明，调为 0%时就是透明的。制作者应该根据具体需要来进行调节。本例中，考虑到阴影效果比较浅，所以把它的不透明度设为 60%。

　　接着思考，在夕阳余辉的映照下汽车肯定会被镀上一层金黄色，怎么实现呢？

　　(4) 按<Ctrl+U>组合键打开"色相/饱和度"对话框，勾选"着色"复选框并进行参数调节，如图 6-3-15 所示，给汽车镀上金黄色，最终效果如图 6-3-16 所示。

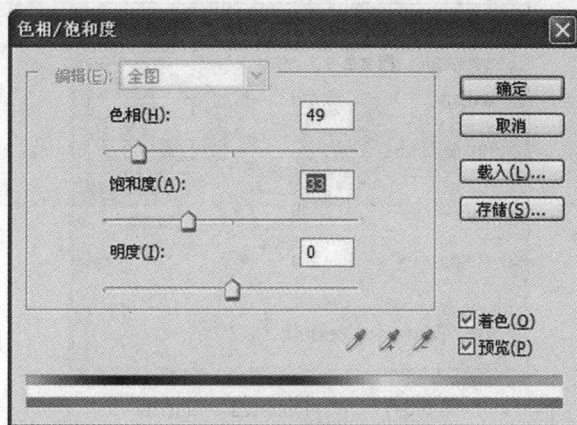

图 6-3-15 进行"色相/饱和度"着色设置

图 6-3-16 最终效果图

5. 输出作品

(1) 点击"文件"→"存储"命令，以"暮归"为文件名，保存为 PSD 格式。

(2) 再次点击"文件"下拉菜单，选择"存储为"命令，以"暮归"为文件名，保存为 JPEG 格式。

6.3.3 可选颜色、替换颜色、通道混和器

1. 可选颜色

"可选颜色"命令通过在图像中调节印刷四分色(即 C、M、Y、K)油墨的百分比来校正图像色彩。单击菜单栏中"图像"→"调整"→"可选颜色"命令，打开"可选颜色"

对话框，如图 6-3-17 所示。

图 6-3-17　"可选颜色"对话框

　　在【颜色】下拉列表框中，可以选择所需要编辑的某种颜色。拖动对话框中的滑块，或直接在数值框中输入相应的数值，可以校正所选择的颜色。在【方法】选项组中，【相对】表示按照相对百分比调整颜色；【绝对】表示按照绝对百分比调整颜色。使用"可选颜色"命令调整颜色的效果图如图 6-3-18 所示。

图 6-3-18　使用"可选颜色"命令调整颜色

2．替换颜色

使用"替换颜色"命令，可以很轻松地将图像中较复杂的颜色使用其他颜色替换。该命令相当于"颜色范围"命令与"色相/饱和度"命令的合成效果。实际上,它的操作结果与先使用"颜色范围"命令选择颜色区域后再使用"色相/饱和度"命令进行色彩校正是完全一样的,只不过它的操作灵活度更高。

单击菜单栏中的 "图像"→"调整"→"替换颜色"命令,弹出"替换颜色"对话框,如图 6-3-19 所示。

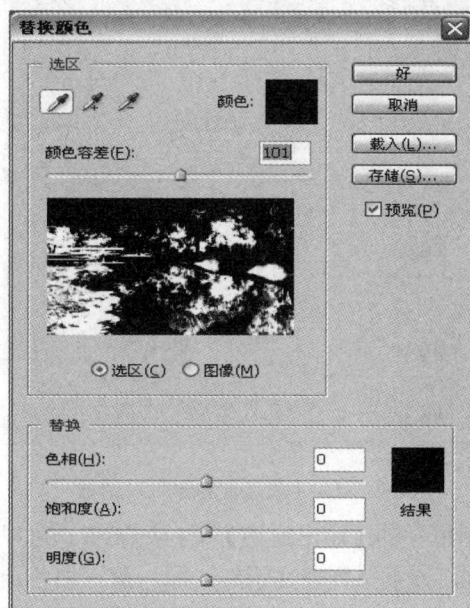

图 6-3-19　"替换颜色"对话框

选择三个吸管工具,在图像中需要调整的颜色区域内单击可以选择颜色范围。

【颜色容差】:设置选择颜色的容差范围,容差越大,调整的范围越大;反之,调整范围越小。

【选区】:勾选此项,在其预览窗口中可以看到被选择的颜色以高亮白色显示,未被选择的颜色以黑色显示,这样有利于我们观察所要调整的图像范围。

【图像】:勾选此项,在预览窗口中只能看到原图像,有利于我们观察图像的选择范围。

【替换】:用来调整颜色的色相、饱和度以及明度。

使用"替换颜色"命令调整的图像效果如图 6-3-20 所示。

图 6-3-20　使用"替换颜色"命令调整图像

3. 通道混和器

"通道混和器"命令使用当前颜色通道的混合来修改颜色通道。使用这个命令时，可以进行创造性的颜色调整，或者创建高品质的灰度图像等。单击菜单栏中的"图像"→"调整"→"通道混和器"命令，弹出"通道混和器"对话框，如图 6-3-21 所示。

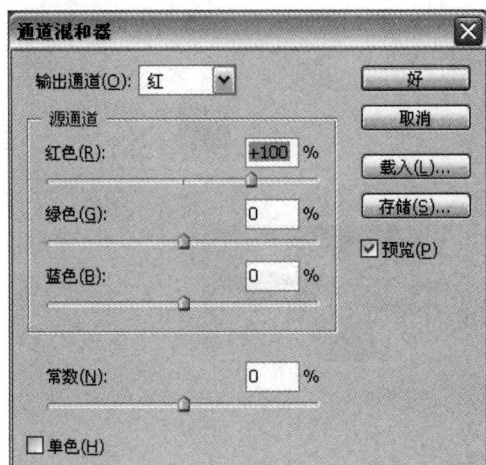

图 6-3-21　"通道混和器"对话框

在"通道混和器"对话框中的【输出通道】下拉列表中，可以选择要调整的色彩通道。若对 RGB 模式图像作用时，该下拉列表显示红、绿、蓝三原色通道；若对 CMYK 模式图像作用时，则显示青色、洋红、黄、黑四个色彩通道，如图 6-3-22 所示。

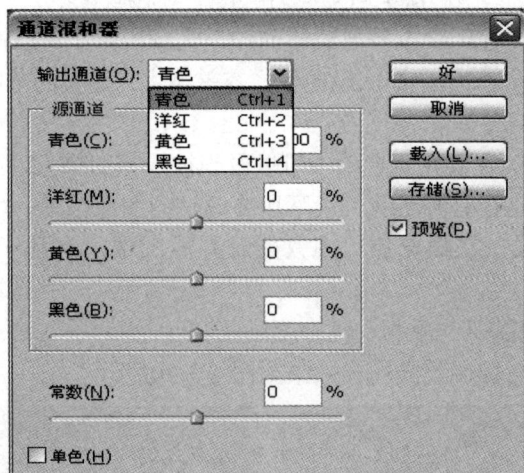

图 6-3-22　【输出通道】选项

在【源通道】选项组中，可以调整各原色的值。对于 RGB 模式图像，可调整"红色"，"绿色"和"蓝色"三根滑杆，或在文本框中输入数值。在对话框底部还有一根"常数"滑杆，拖动此滑杆上的滑标或在文本框中输入数值(范围：-200~200)，可以改变当前指定通道的不透明度。此数值为负值时，通道的颜色偏向黑色；为正值时，通道的颜色偏向白色。选中对话框最底部的"单色"复选框，可以将彩色图像变成灰度图。

6.4　其他工具

【自动色阶】命令能很方便地对图像中不正常的高光或阴影区域进行初步处理，达到调整亮度的目的。

【自动对比度】命令可以让系统自动地调整图像亮部和暗部的对比度，将较暗的部分变得更暗，较亮的部分变得更亮。

【自动颜色】命令可以让系统自动地对图像进行颜色的校正。如果图像有偏色或者饱和度过高，均可使用该命令进行自动调整。

【去色】命令的主要作用是去除图像中的饱和色彩，将彩色图像转化为灰度图像。

【渐变映射】命令的主要功能是将预设的几种渐变模式作用于图像。

【反相】命令可以将像素的颜色改变为它的互补色。该命令是唯一不损失图像色彩信息的变换命令。

【色调均化】命令会重新分配图像像素亮度值，以更平均地分布整个图像的亮度色调。

【阈值】命令可以将一幅彩色图像或灰度图像转换成只有黑白两种色调的高对比度黑白图像。

【色调分离】命令可以让用户指定图像中每个通道的亮度值的数目，然后将这些像素映射为最接近的匹配色调。

【照片滤镜】命令类似于摄影时给镜头加上有色滤镜，以满足不同的色温需求。比如在白天拍摄出夜晚的效果，阴天处理成阳光明媚的效果等。

【变化】命令可以让用户很直观地调整色彩平衡、对比度和饱和度。

【案例：海洋保护拼图】

(1) 按<Ctrl + N>组合键，打开"新建"对话框，设置如图 6-4-1 所示，单击"确定"按钮。

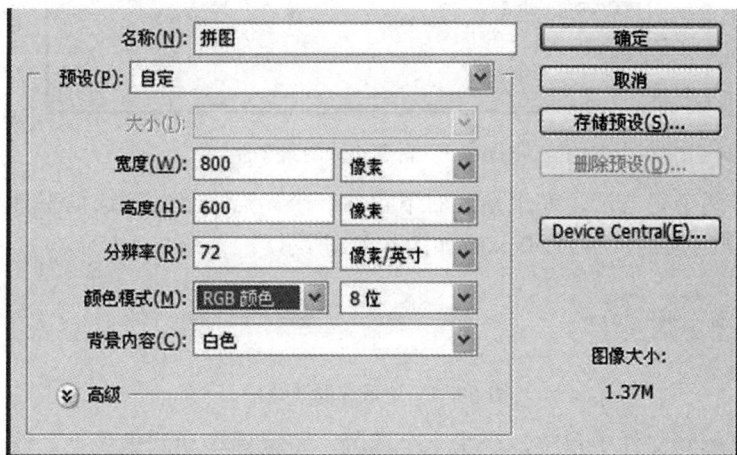

图 6-4-1　"新建"对话框

(2) 导入素材"卡通女孩.jpg"作为背景，自由变换，使之全部显示，如图 6-4-2 所示。

图 6-4-2　导入背景

(3) 再次按<Ctrl + N>组合键，打开"新建"对话框，设置如图 6-4-3 所示，单击"确定"按钮。因为碎片比较小，所以此处的尺寸也很小。

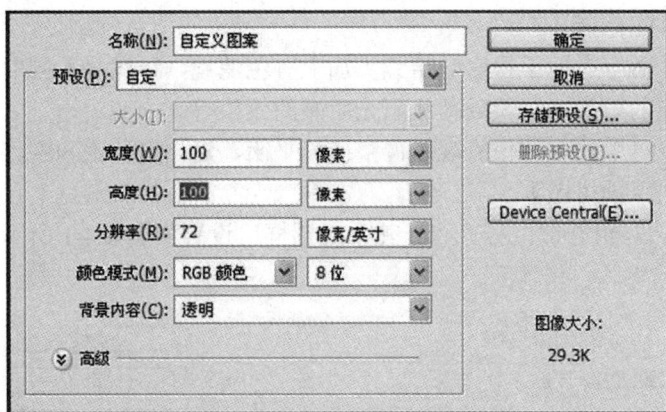

图 6-4-3　新建碎片图案文件

(4) 首先做两个正方形，左上角和右下角各一个。点击"矩形选框工具"，在其属性里选择样式为固定大小，各为 50 px，如图 6-4-4 所示。

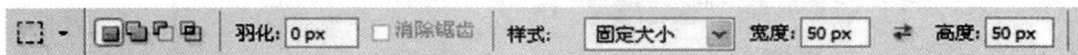

图 6-4-4　矩形选框属性栏

(5) 移动鼠标到文件中单击，产生一个选区，将鼠标移动到虚线上，按住左键移动选区和左上角对齐，设置前景色为红色，按<Alt + Del>组合键，用前景色填充选区。接着移动选区和右下角对齐，设置背景色为黄色，如图 6-4-5 所示，按<Ctrl + Del>组合键，用背景色填充选区，效果如图 6-4-6 所示。

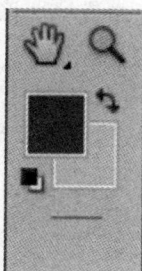

图 6-4-5　设置前景色和背景色

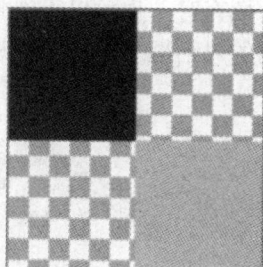

图 6-4-6　填充选区

(6) 取消选区，选择"椭圆选框"工具，按住 Shift 键后拉出一个小的正圆选区，移动到红色矩形下面，填充红色，再移动选区到黄色矩形上面，填充黄色，如图 6-4-7 所示。

(7) 移动选区到红色矩形的右边中间，按 Del 键删除选区内对象，如图 6-4-8 所示。

(8) 移动选区到黄色矩形的左边中间，按 Del 键删除选区内对象，如图 6-4-9 所示。

图 6-4-7　填充圆形选区　　　图 6-4-8　删除选区内图形　　　图 6-4-9　删除选区内图形

(9) 选择"编辑"→"定义图案"命令，弹出"图案名称"对话框，输入名称"拼图图案"，如图 6-4-10 所示。单击"确定"按钮，此时拼图所需的图案就定义好了。

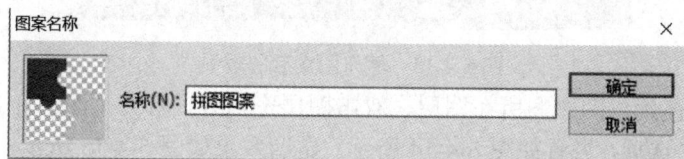

图 6-4-10　定义图案

(10) 回到拼图文件中，新建图层，选择"油漆桶"工具，在填充来源中选择图案，然后在图案中选择刚才定义的这个拼图图案，如图 6-4-11 所示。

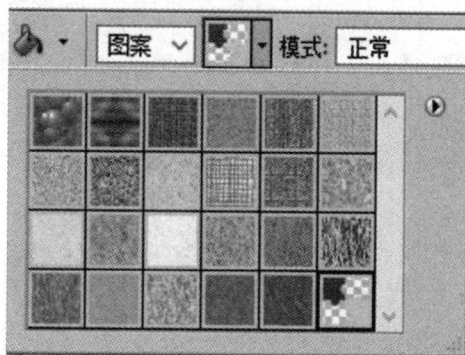

图 6-4-11　选择图案进行填充

小助手提醒： 填充时，也可以不选择"油漆桶"工具，而是直接选择"编辑"→"填充"命令，在弹出的对话框中选择图案进行填充，如图 6-4-12 所示。

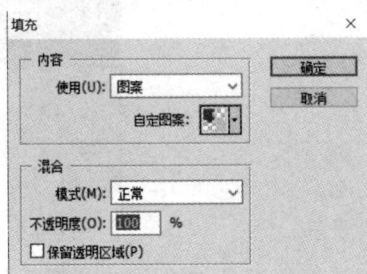

图 6-4-12　"填充"对话框

(11) 移动鼠标到文件中，单击鼠标，用拼图图案进行填充，效果如图 6-4-13 所示。

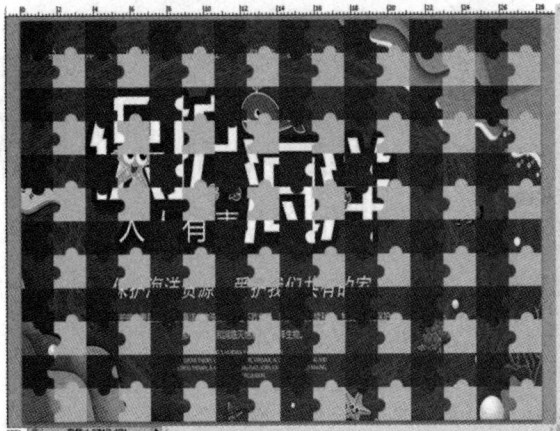

图 6-4-13　填充图案后的效果

(12) 将鼠标移到拼图图案所在图层，双击图层空白处，打开"图层样式"对话框。选择"斜面和浮雕"选项，设置如图 6-4-14 所示。显示效果如图 6-4-15 所示，立体感出来了。

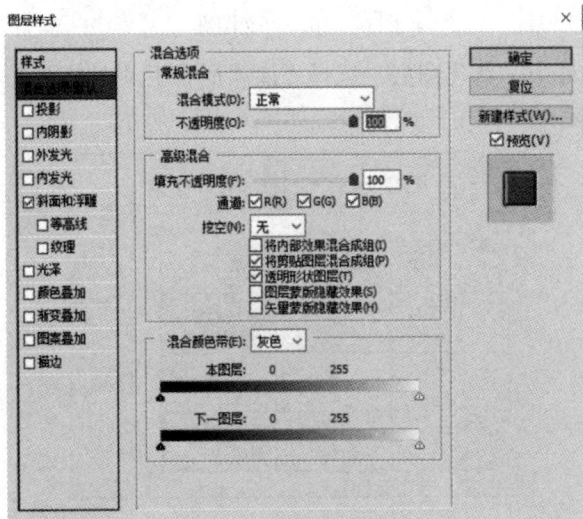

图 6-4-14　设置"斜面和浮雕"

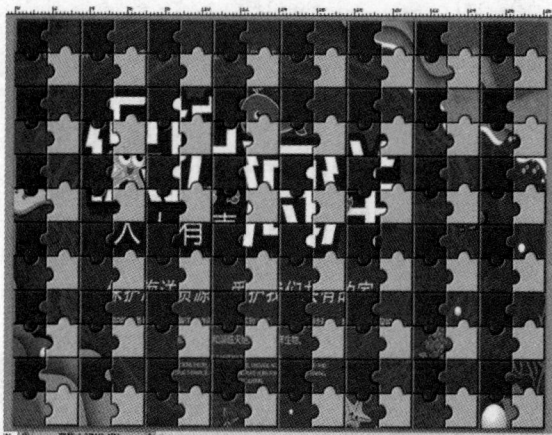
图 6-4-15 设置后的效果

(13) 观察图片，发现这图片颜色太乱，看不清真正的背景图像。选择"图像"→"调整"→"去色"命令，图案就变成黑白的了，如图 6-4-16 所示。

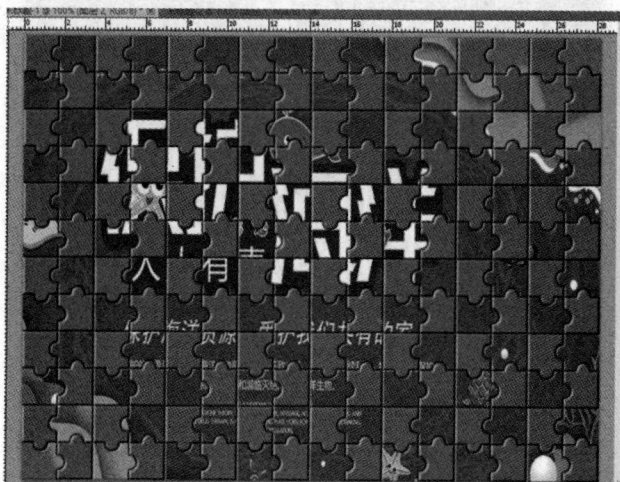
图 6-4-16 去色后的效果

(14) 为了使图案图层和背景图层更好融合，这里设置图层混合模式为"变暗"，如图 6-4-17 所示。

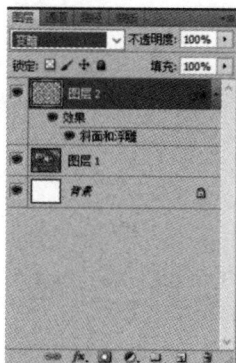
图 6-4-17 设置图层混合模式

(15) 调整图层的"亮度/对比度",设置如图 6-4-18 所示,显示效果如图 6-4-19 所示。至此,终于能看清背景图片了。

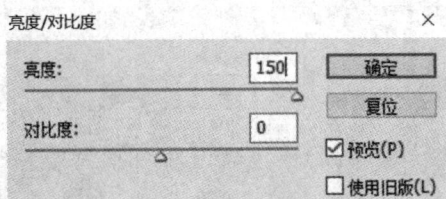

图 6-4-18　设置"亮度/对比度"

图 6-4-19　效果图

第七章　路径与形状的绘制

重点、难点分析

重点：

- 路径工具的使用技巧
- 创建和编辑路径
- 形状的绘制技巧

难点：

- 路径工具的使用技巧
- 创建和编辑路径

难度：★★★

技能目标

- 理解路径特性并掌握路径工具的使用技巧
- 掌握创建和编辑路径的方法
- 掌握形状的绘制技巧

德育目标

- 增强团队合作精神，提高自信心
- 增强读者内心对友情的珍惜，感受同学之间友情的美好

7.1　路　　径

7.1.1　路径的概念

　　图像有两种基本构成方式：一种是矢量图形，另一种是位图图像。对于矢量图形来说，路径和点是它的两个要素。路径是指矢量对象的线条，点则是确定路径的基准。在矢量图形的绘制中，通过记录图形中各点的坐标值，以及点与点之间的连接关系来描述路径，通过记录封闭路径中填充的颜色参数来表现图形。

　　路径具有创建选区、绘制图形、编辑选区、剪贴的功能，利用这些功能，我们可以制作任意形状的路径，然后将其转换为选区，实现对图像更加精确的编辑和操作；或者使用路径工具建立路径后，再利用描边或填充命令，制作任意形状的矢量图形；还可以将

Photoshop CS6 其他工具创建的选区转换为路径,使用路径的编辑功能对选区进行编辑和调整,从而达到修改选区的目的;当然还可以利用路径的剪贴功能,将在 Photoshop 中制作的图像插入到其他图像软件或排版软件中,去除其路径之外的图像背景,使之透明,而路径之内的图像则可以被贴入。

在 Photoshop 中,使用路径工具绘制的线条、矢量图形轮廓和形状统称为路径,包括直线型路径、曲线型路径和混合型路径。路径由定位点、控制手柄和两点之间的连续线段组成。通过移动节点的位置,可以调整路径的长度和方向;通过调整图形轮廓的路径,可以改变图形的形状和外观;通过调整控制手柄,可以改变连线的形状,如图 7-1-1 所示。

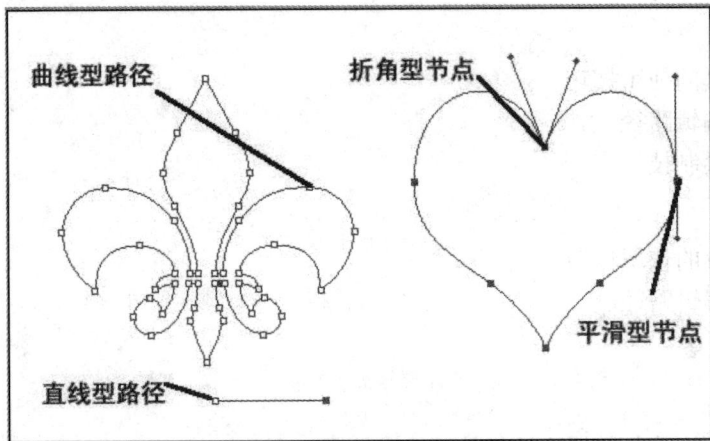

图 7-1-1　图形的路径组成

直线型路径中的节点无控制手柄,曲线型路径中的节点由两个控制手柄来控制曲线的形状。路径属于矢量图形,因此用户可以对路径进行任意的缩放,不会出现选区变形或出现细节损失的情况。

节点又称为锚点,是路径最基本的组成元素,节点与节点之间会以一条线段连接,在绘制路径的过程中,每次使用"钢笔"工具在窗口中单击一次即可放置一个节点。设置节点的类型不同,连接节点的曲线也随之不同,节点分为平滑型节点和折角型节点,如图 7-1-1 所示。路径没有颜色,因此节点、控制手柄和路径线条均只能在屏幕上显示,而不能被打印出来。但是路径可以填充,所得到的是矢量图形。在 Photoshop 中,可以利用描边和填充命令,渲染路径和路径区域内的显示效果。同时,编辑好的路径可以存储在图像中,也可以将它单独输出文件(输出后的文件的扩展名为*.AI),然后可以在其他软件中进行编辑或使用。例如,可以在 Illustrator(Adobe 公司推出的一款矢量图形处理软件)应用软件中打开路径文件进行编辑。

7.1.2　路径面板

路径面板是编辑路径的一个重要操作窗口,利用路径面板可以实现对路径的显示、隐藏、复制、删除、描边、填充和剪贴输出等操作。

如果桌面上没有显示"路径面板",可以执行"窗口"→"路径"命令,打开"路径面板"，单击其右铡的三角形按钮，弹出面板菜单，如图 7-1-2 所示。

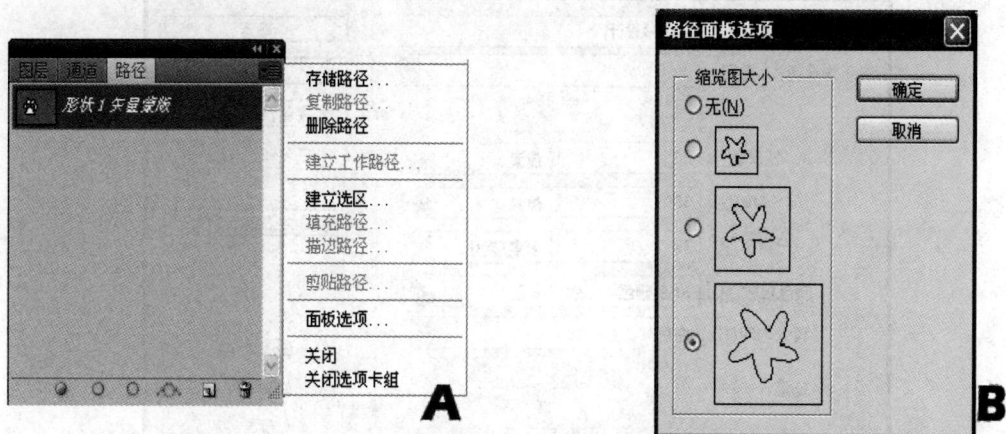

图 7-1-2　路径面板及"路径面板选项"对话框

　　路径名称：路径的名称，便于在多个路径之间进行区分。若在新建路径时没定义新路径的名称，Photoshop 会自动默认第 1 个路径名称为工作路径，然后依次为路径 1、路径 2 等。如果要更改路径名称，可以双击该名称，当周围显示黑色线框时，直接输入新的路径名称即可。

　　路径缩览图：显示在工作窗口中所绘制的路径的内容。它可以迅速地辨识每一条路径的形状。在编辑某路径时，该缩览图的内容也会随着改变。若单击右侧的三角形按钮，在弹出的面板菜单中选择"面板选项"，将弹出"路径面板选项"对话框，在该对话框中可以选择路径的显示方式。

　　工作路径：以蓝色显示的路径为工作路径。在 Photoshop 中，所有编辑命令只对当前工作路径有效，并且只能有一个工作路径。单击路径名称即可将该路径转换为当前工作路径。

　　● "用前景色填充路径"按钮 ⬤：单击该按钮，Photoshop 将以前景色填充被路径包围的区域。

　　● "用画笔描边路径"按钮 ◯：单击该按钮，可以按设置的绘图工具和前景色沿着路径描边。

　　● "将路径作为选区载入"按钮 ◌：单击该按钮，可以将当前工作路径转换为选区载入。

　　● "从选区生成工作路径"按钮 ◈：单击该按钮，可以将当前选区转换为工作路径。

　　● "创建新路径"按钮 ▣：单击该按钮，可以新建路径。

　　● "删除当前路径"按钮 🗑：单击该按钮，可以删除在面板中选中的路径。

　　【案例：文化衫设计】

1. 新建文件，打好参考线

　　(1) 按<Ctrl + N>组合键，弹出"新建"对话框，设置如图 7-1-3 所示，单击"确定"按钮。

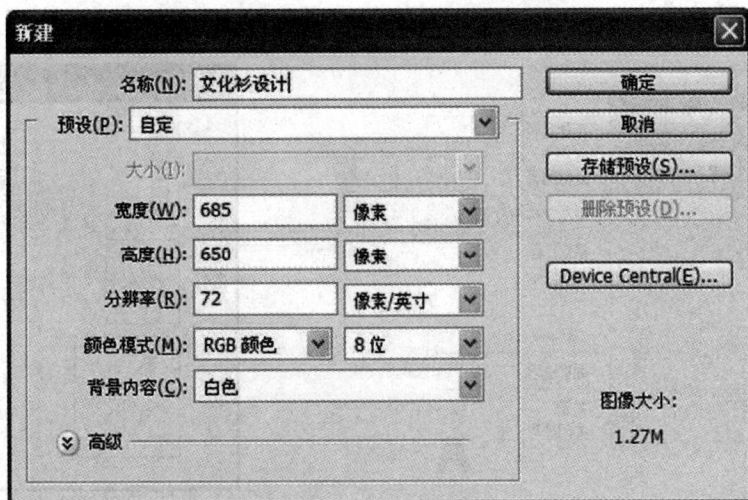

图 7-1-3　"新建"对话框

(2) 分析文化衫设计，发现在打样的时候，一定要考虑到衣服设计的合理性，比如左右肩膀的对称性。基于如上考虑，首先通过标尺和参考线工具在文件中添加参考线，为后面的工作打下基础。

(3) 选择"视图"→"标尺"命令(快捷键<Ctrl + R>)，这时文件的上边和左边出现标尺，鼠标移到标尺上，点击右键选择单位为"像素"，这样便于在设计衣服尺寸时好好把握。

(4) 接着就可以确定衣服的大致范围了，可以通过添加参考线来确定。鼠标移到左标尺上面，按住左键向右拖动，会发现有一根竖直线随着鼠标的移动而移动，在相应尺寸处松开鼠标，就添加了第一根参考线。按上述办法添加好所有参考线，如图 7-1-4 所示。

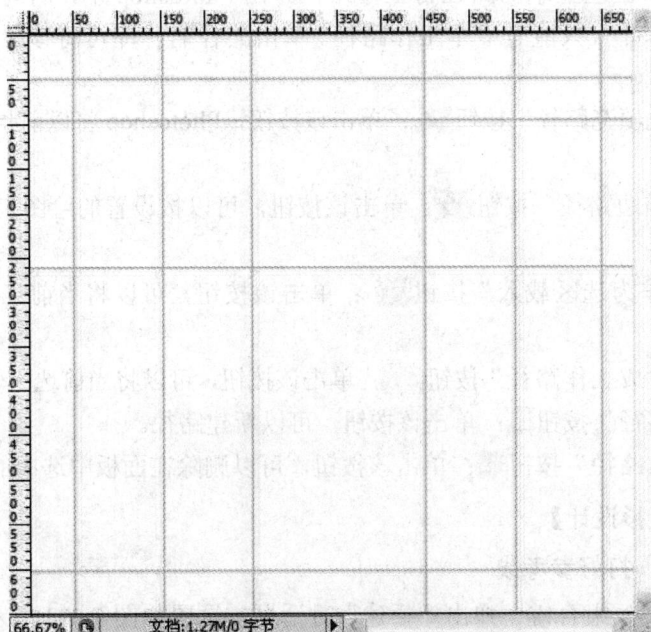

图 7-1-4　添加参考线

2.绘制文化衫轮廓

(1) 首先绘制主体区域。选择"矩形工具",点选"路径"按钮,进行如图 7-1-5 所示绘制。

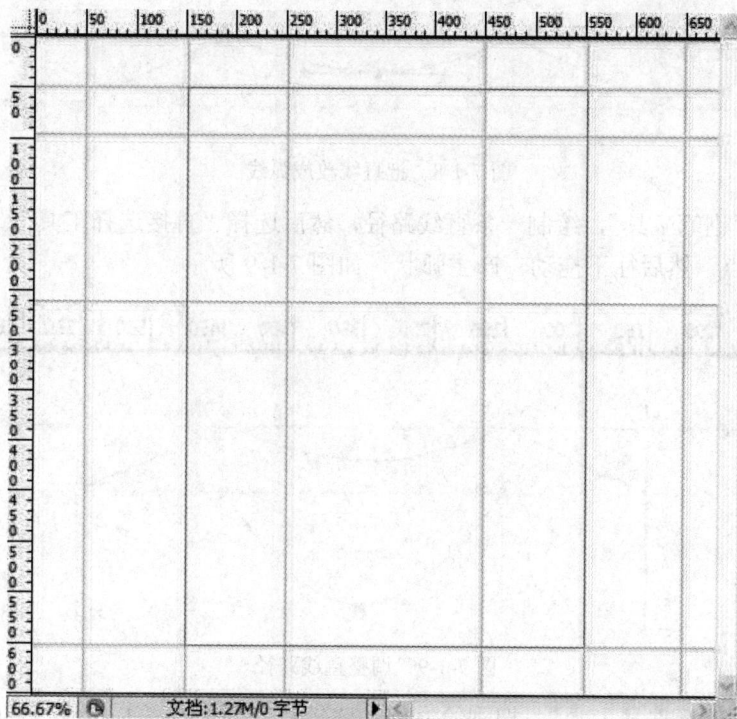

图 7-1-5 绘制矩形路径

(2) 绘制肩膀处的样式。选择"添加锚点工具",在图 7-1-6 所示位置处添加两个锚点。

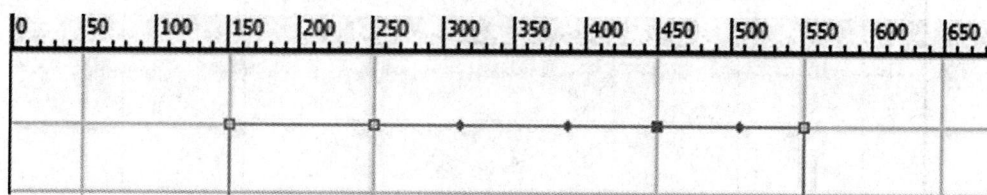

图 7-1-6 添加锚点

(3) 选择"直接选择工具",移到左边第一个锚点处,按住左键向下拖动,接着移动最后一个锚点向下拖动,如图 7-1-7 所示。

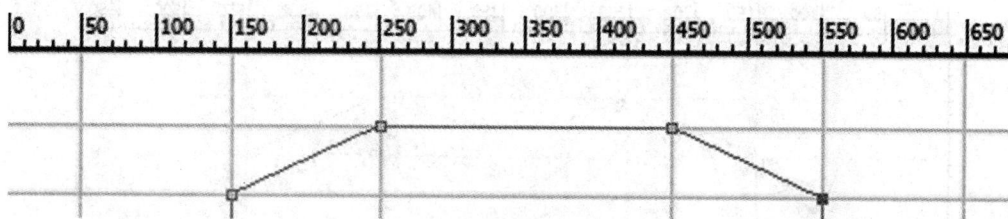

图 7-1-7 调整路径后的效果

(4) 要绘制出领口形状。选择"直接选择工具",移到上边路径的中间点,点右键添加锚点，然后往下拖动，产生弧状，如图 7-1-8 所示。

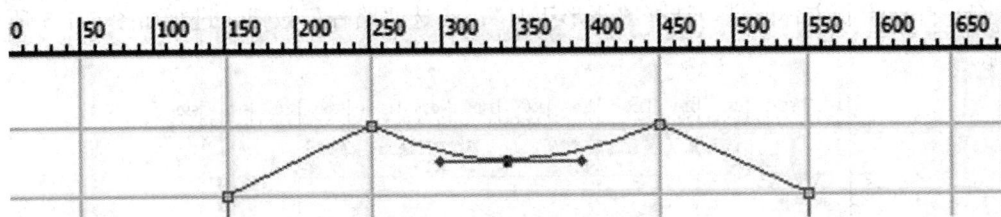

图 7-1-8　把直线改成弧线

(5) 选择"钢笔工具"，绘制一条直线路径，然后选择"直接选择工具"，移到中间点，点右键添加锚点，然后往下拖动，产生弧状，如图 7-1-9 所示。

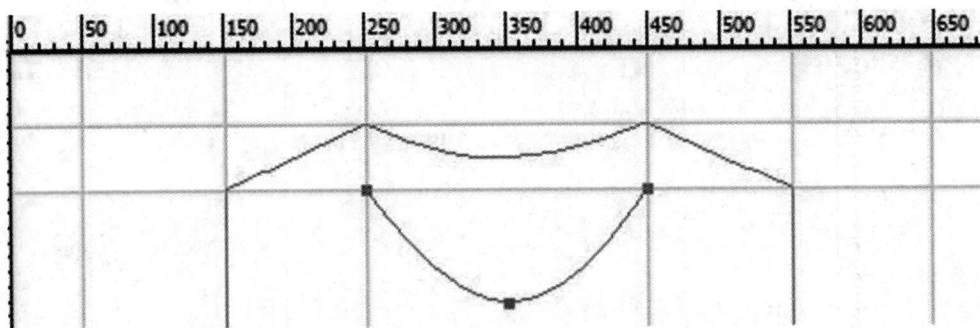

图 7-1-9　调整直线路径

(6) 选择"路径选择工具"，把刚绘制好的路径移动到如图 7-1-10 所示的位置。

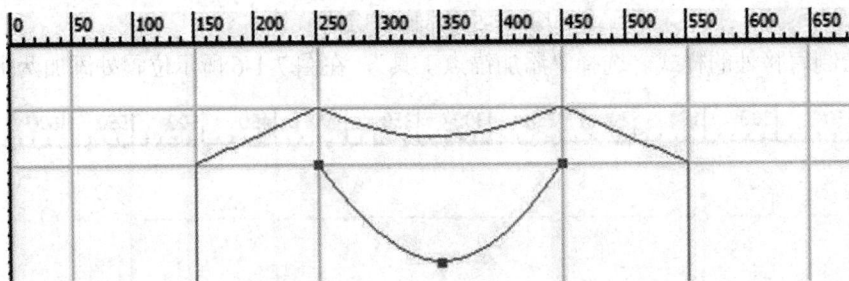

图 7-1-10　移动路径

(7) 按照上述步骤绘制第二条路径，效果如图 7-1-11 所示。至此，领口就做好了。

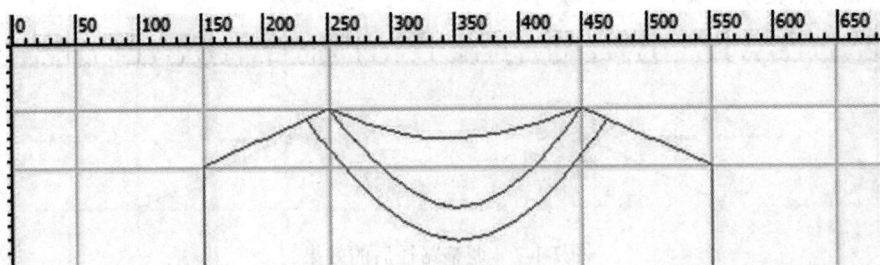

图 7-1-11　绘制第二条路径

(8) 绘制袖子。选择"钢笔工具"绘制路径，利用"直接选择工具"调整路径，利用"路径选择工具"移动路径，效果如图 7-1-12 所示。

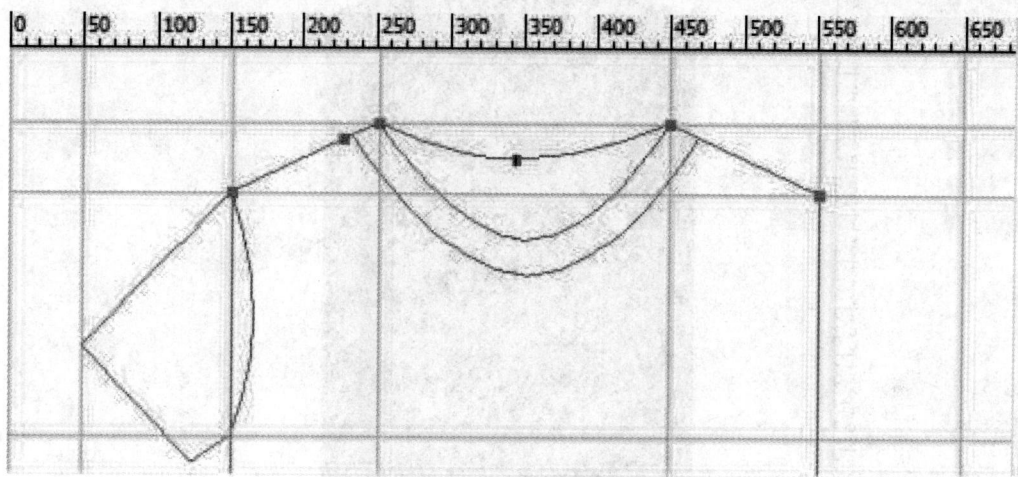

图 7-1-12　绘制左袖子

(9) 衣服的左袖和右袖样式应该是一样的，只需要复制左袖路径，移动到右边。首先选择"编辑"→"自由变换路径"，这时右袖路径会被选择框围住，然后选择"编辑"→"变换路径"→"水平翻转"，接着调整路径到合适位置，效果如图 7-1-13 所示。文化衫的路径轮廓就绘制好了。

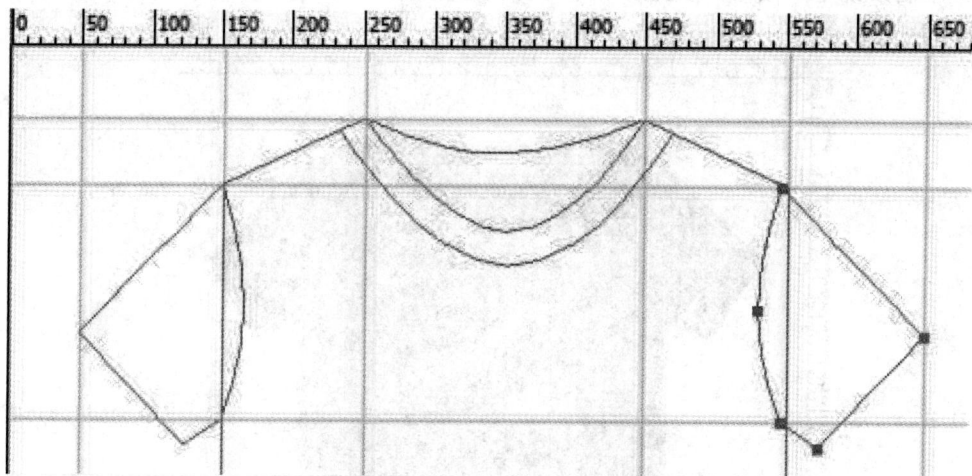

图 7-1-13　绘制好袖子

3．把路径变成图像

(1) 路径创建好了，就要把路径变成图像了。首先选择文化衫的主体路径，点右键选择"建立选区"命令，在弹出的"建立选区"对话框中，单击"确定"按钮，新建图层，然后填充红色，取消选区，效果如图 7-1-14 所示。

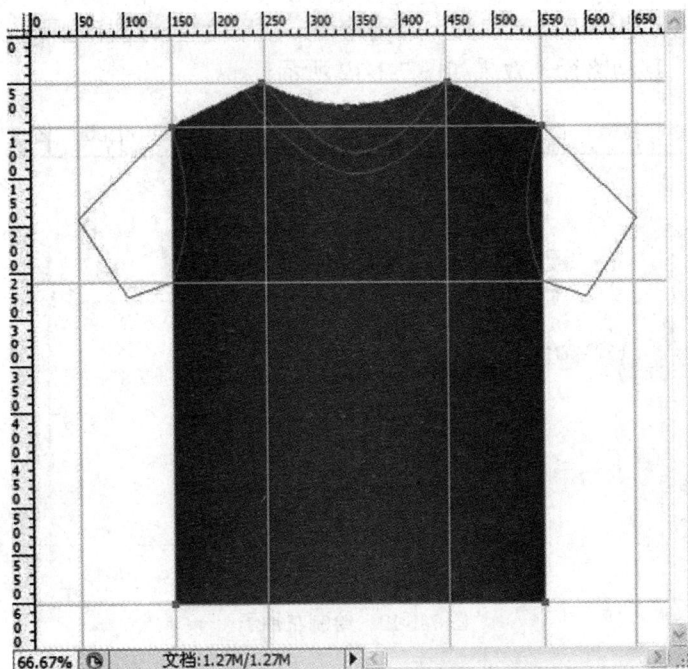

图 7-1-14　填充主体路径

　　小助手提醒：给路径内区域填充颜色，除了上述办法外，还可以在选择"路径选择工具"后点右键选择"填充子路径"，然后在弹出的"填充子路径"对话框中选择通过前景色填充，单击"确定"按钮。填充后，路径可直接删除。

　　(2) 用上面介绍的两种方法之一填充两只袖子，效果如图 7-1-15 所示。

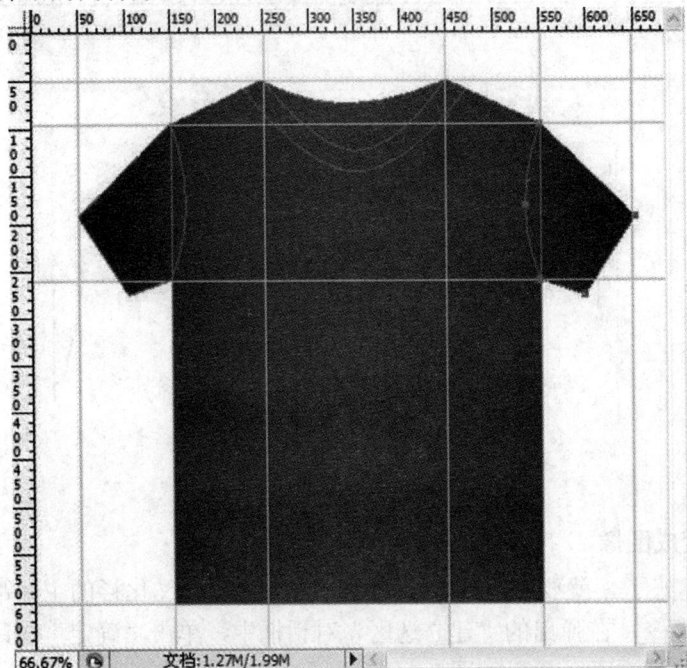

图 7-1-15　填充两只袖子

（3）新建图层，接着设定画笔笔触大小为"8 像素"，硬度为"100%"，然后选择"路径选择工具"，把领口的第一个路径选中，点右键选择"描边子路径"命令，在弹出的"描边子路径"对话框中，选择"画笔"，单击"确定"按钮，效果如图 7-1-16 所示。

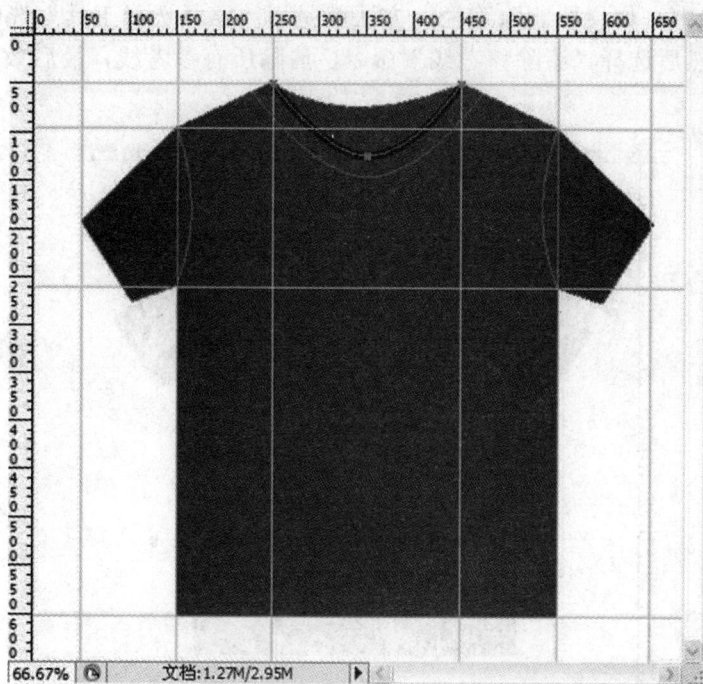

图 7-1-16　描边路径后的效果

（4）按上述办法，描边第二个路径，效果如图 7-1-17 所示。

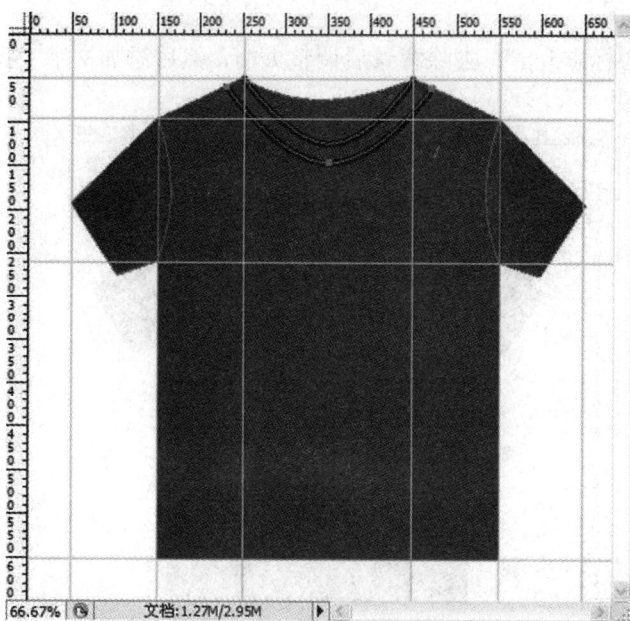

图 7-1-17　描边两个路径

(5) 观察图片，文化衫已经被刷上了颜色，但再仔细观察，会发现路径还存在，对它们怎么处理？考虑到路径和选区是可以互换的，所以一般来说，会把路径删除。当然，如果觉得这个路径以后还要用到，就可以点右键选择"定义自定形状"来把当前路径保存到自定形状中。如果要删除路径，方法就是用"路径选择工具"选中路径后，按<Del>键删除，然后选择"清除参考线"命令，清除所有参考线，最后效果如图 7-1-18 所示。

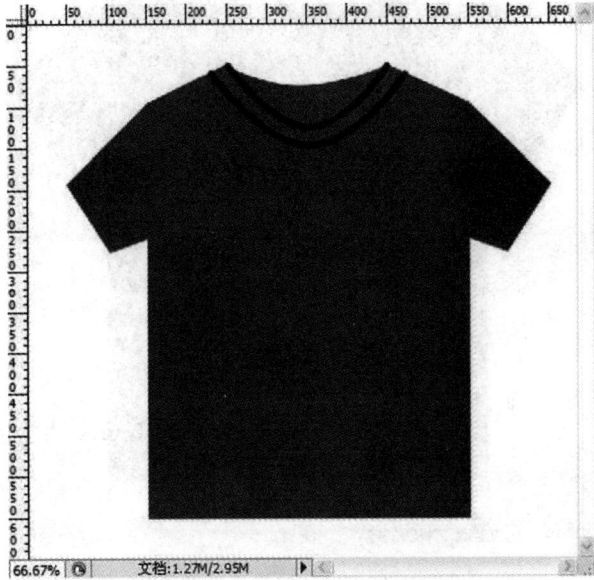

图 7-1-18　清除路径和参考线后的效果

4．给文化衫贴图

导入素材"爱心标志.jpg"，去除背景后调整大小，然后添加文字"我志愿，我快乐"，最后效果如图 7-1-19 所示。

图 7-1-19　添加标志和文字后的效果

5．输出作品

(1) 点击"文件"→"存储"命令，以"文化衫设计"为文件名，保存为 PSD 格式。

(2) 再次点击"文件"下拉菜单，选择"存储为"命令，以"文化衫设计"为文件名，保存为 JPEG 格式。

7.2　路径编辑工具

Photoshop 路径编辑工具，主要由工具箱中的钢笔工具组、形状工具组以及选取工具组构成，如图 7-2-1 所示，各路径编辑工具的名称及功能参见表 7-1。

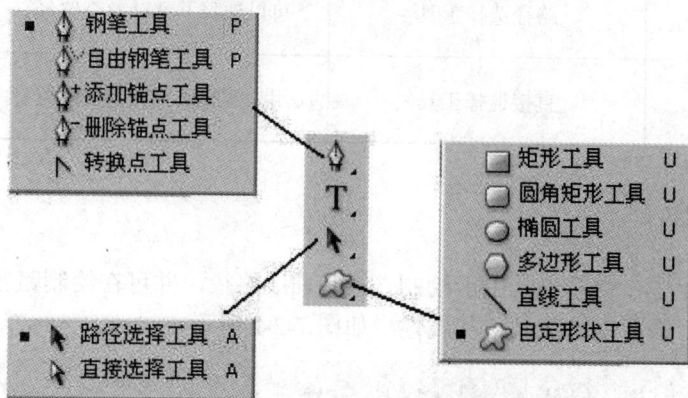

图 7-2-1　工具箱中的路径编辑工具

表 7-1　路径工具功能表

类别	图标	名　称	功　能
钢笔工具组		钢笔工具	绘制由多个点连接而成的贝塞尔曲线
		自由钢笔工具	可以自由手绘形状路径
		添加锚点工具	在原有路径上添加锚点以满足调整编辑路径的需要
		删除锚点工具	删除路径上多余的锚点以适应路径的编辑
		转换点工具	转换路径角点的属性
形状工具组		矩形工具	创建矩形路径
		圆角矩形工具	创建圆角矩形路径
		椭圆工具	创建椭圆形路径

续表

类别	图标	名　称	功　能
形状工具组	⬡	多边形工具	创建多边形或星形路径
	╱	直线工具	创建直线或箭头路径
	✦	自定形状工具	利用 Photoshop CS6 自带形状绘制路径
选取工具组	▲	路径选择工具	可以选择并移动整个路径
	▲	直接选择工具	用来调整路径和锚点的位置

7.2.1　钢笔工具

在 Photoshop 中，钢笔工具用于绘制直线和曲线路径，并可在绘制路径的过程中对路径进行简单编辑。选取钢笔工具，其属性栏如图 7-2-2 所示。

图 7-2-2　钢笔工具属性栏

属性栏各选项的含义如下：

形状图层 ▢：单击该按钮，在使用路径绘制工具绘制路径时，不仅可以绘制路径，还可以建立一个形状图层，绘制的图像颜色默认为当前设置的前景色。

路径 ▢：单击该按钮，在使用路径绘制工具绘制路径时，只产生一个工作路径，不会生成形状图层。

填充像素 ▢：单击该按钮，不会产生工作路径和形状图层，但会在当前工作图层中绘制出一个由前景色填充的形状(该按钮对钢笔工具无效)。

▢▢▢▢▢▢╱✦▾：该组按钮用于在钢笔工具、自由钢笔工具以及六个形状工具之间进行切换。

7.2.2　自由钢笔工具

自由钢笔工具不是通过设置节点来建立路径，而是通过自由手绘来建立路径的。该工具主要用于绘制比较随意的图形，就像用铅笔在纸上绘图一样，并且在绘图时，不需要确定节点的位置，将根据设置自动添加节点。

在自由钢笔工具选项栏中除了在钢笔工具中介绍的属性外，还可以选择磁性的复选框，选择该复选框，可以激活磁性钢笔工具，此时鼠标指针将变成 ▢ 形状，表示自由钢笔工具有了磁性，此工具的使用方法类似于磁性套索工具的使用方法。

在自由钢笔工具选项栏中，单击"几何选形"的下拉按钮，弹出如图 7-2-3 所示的选项面板，其中各项的含义如下：

曲线拟合：控制最终路径对鼠标或光笔移动的灵敏度，设置范围为 0.5～10.0 像素，此数值越高，创建的路径节点越少，路径越简单。

宽度：定义磁性钢笔探测的距离，数值越大，磁性钢笔探测的距离越大。

对比：指定像素之间被看做边缘所需的对比度。数值越高，图像对比度越低。

频率：定义绘制路径时节点的密度，数值越大，路径上节点数量越多。

钢笔压力：使用绘图板压力改变钢笔宽度。

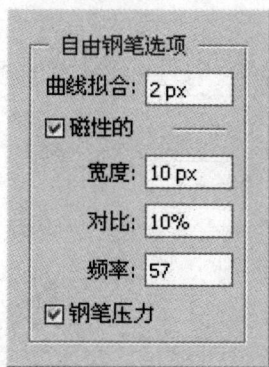

图 7-2-3　自由钢笔选项

7.2.3　矩形工具

使用矩形工具，可以绘制出矩形、正方形的形状或路径。当选择矩形工具进行绘制时，可以在选项栏中设置相关的参数，除了可以设置钢笔工具中介绍的属性外，还可以单击"几何选形"的下拉按钮，弹出如图 7-2-4 所示的选项面板。

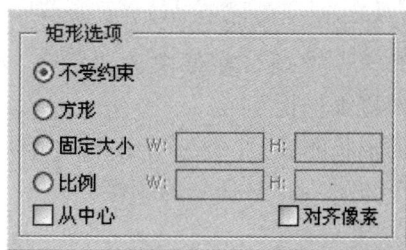

图 7-2-4　矩形选项

7.2.4　自定形状工具

使用自定形状工具可以绘制 Photoshop CS6 预设的各种形状，如箭头、音乐符、闪电、自然和花纹等丰富多彩的路径形状。选取工具箱中的自定形状工具，在其工具属性栏中，单击"形状"右侧的下拉按钮，弹出"形状"面板，如图 7-2-5 所示，其中显示了多个预设的形状，可以根据设计需要进行选择。

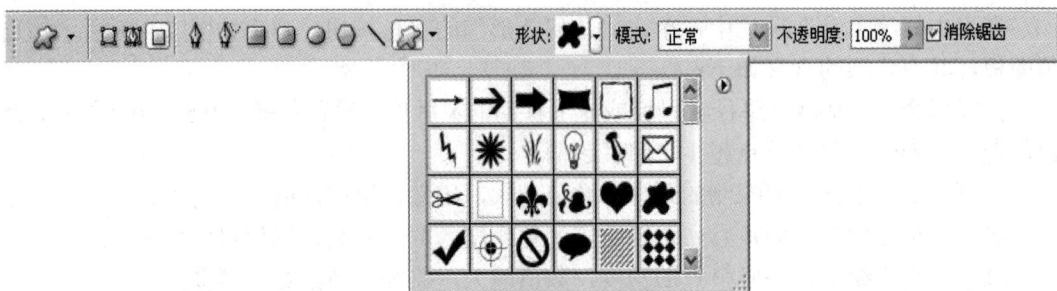

图 7-2-5 　"形状"面板

【案例：蝴蝶】

(1) 执行"文件"→"打开"命令，打开本书配套素材文件"同学录.psd"，如图 7-2-6A 所示。

图 7-2-6 　原始素材及效果图

(2) 设置前景色为"红色"(RGB 的参考值分别为 255、0、0)，执行"图层"→"新建图层"命令，新建"图层 1"图层。

(3) 选取工具箱中的自定形状工具，单击工具属性栏中的"填充像素"按钮，单击"形状"选项右侧的下拉按钮，在弹出的"形状"面板中，单击其右侧的三角形按钮，在弹出的面板菜单中选择"载入形状"选项，在弹出的"载入"对话框中，选择素材文件"ASC_Butterfly.csh"，载入"蝴蝶形状"。

(4) 在如图 7-2-7A 所示的形状面板中，选择新载入的形状，移动光标至图像窗口，单击鼠标左键并拖曳，绘制一个如图 7-2-7B 所示的蝴蝶。

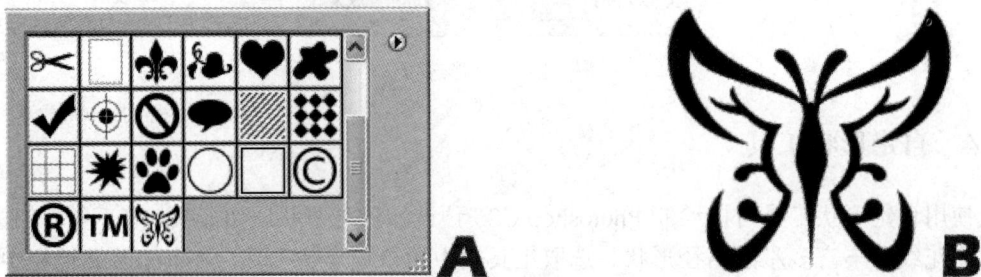

图 7-2-7 　利用自定形状工具绘制蝴蝶

(5) 选择"窗口"→"样式"命令，弹出"样式"面板，单击面板右侧的三角形按钮，

在弹出的面板菜单中选择"载入样式"选项，在弹出的"载入"对话框中，选择素材文件
"ButterYR.asl"，载入样式。

(6) 在如图 7-2-8A 所示样式面板中，选择"Style34"样式，此时图像效果如图 7-2-8B
所示，调整蝴蝶的大小和位置，最终的效果如图 7-2-6B 所示。

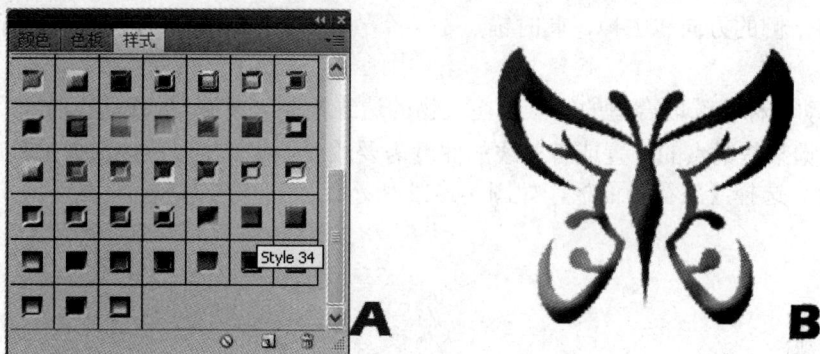

图 7-2-8 图层样式及样式效果

【案例：路径抠图】

(1) 在 Photoshop 中打开如图 7-2-9 所示的示例图片。

图 7-2-9 示例图片

(2) 选择工具箱中的钢笔工具 ，在其属性栏中单击路径按钮 ，在需要抠取的图像
边缘中单击鼠标左键绘制一个点，然后沿此图像边缘不断单击鼠标左键，以获取更多的锚
点，如图 7-2-10 所示。

图 7-2-10 绘制路径

需要注意的是，在使用钢笔工具时，如果要绘制的是一条曲线，那么在曲线终点的位置单击鼠标左键时，不要马上松开鼠标，拖曳鼠标拉出一条方向线来。调整控制柄的方向和长度，以使路径与图像边缘重合。为了使当前锚点的方向线不对下一条路径有影响，可以按住<Alt>键，把钢笔工具临时转换成转换点工具 ，并移动鼠标到当前锚点上单击鼠标左键，将一侧的方向线去掉，此时锚点是一个"角点"，再松开<Alt>键，进行下一个锚点的选取。

(3) 移动鼠标，选取合适的锚点，在人物的边缘绘制一条完整的路径，如图 7-2-11 所示。如果发觉某些锚点的位置或者曲线的曲度需要改变，可以使用直接选择工具 选中锚点进行更改。选择【路径】面板，如图 7-2-12 所示。

图 7-2-11 绘制完整路径

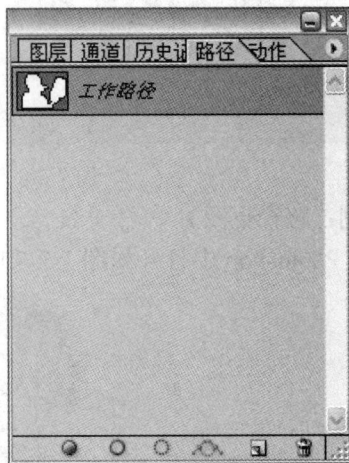

图 7-2-12 【路径】面板

(4) 单击"将路径作为选区载入"按钮 ，将当前的路径转变为选区，效果如图 7-2-13 所示。此时人物就从背景当中选取出来了。最终效果如图 7-2-14 所示。

图 7-2-13 将路径作为选区载入

图 7-2-14 最终效果

第八章　滤镜的应用

重点、难点分析

重点：

- 滤镜的菜单分类
- 滤镜的基本使用方法和对图像的影响
- 内置滤镜的使用方法
- 各种滤镜的基本效果

难点：

- 各种滤镜互相搭配，发挥创新能力

难度：★★

技能目标

- 掌握滤镜的菜单分类，了解滤镜的基本使用方法和对图像的影响
- 掌握内置滤镜的使用方法，并熟悉设置滤镜相关参数的方法
- 了解各种滤镜的基本效果

德育目标

- 增强读者对美的欣赏能力
- 增强读者对美术魅力的敬仰之情

8.1　滤　镜　概　述

8.1.1　概述

Photoshop 不仅可以对图像进行修复和润饰，还可以在进行图像处理时结合滤镜命令，制作成各具特色的图像制品。Photoshop 中的滤镜来源于摄影中的滤光镜，应用滤镜可以增强图像感染力和产生特殊效果。很多滤镜都被用来添加特殊效果、处理透视或调整作品的外观。

在 Photoshop 中，所有的滤镜都按照类别分别放置于"滤镜"菜单中，使用时只需要用鼠标单击"滤镜"菜单中相应的滤镜命令即可。滤镜的使用可以说是一种比较细致的操作，用户首先要得到精确的区域，再在参数设置对话框中设置精确的参数才能达到最好的效果。

"滤镜"菜单的第 1 项为上一次刚使用过的滤镜效果命令，可以单击此命令，再次使用该滤镜。Photoshop 的滤镜主要分为两部分，一部分是 Photoshop 内置的滤镜，另一部分是第三方开发的外挂滤镜。内置滤镜是指 Photoshop 软件内部自带的滤镜，外挂滤镜是指由第三方厂商为 Photoshop 所开发的滤镜。外挂滤镜不仅数量庞大、种类繁多、功能不一，而且版本和种类都不断地升级和更新。用户可以使用不同的滤镜，轻松地达到创作的意图。

当选择一种滤镜，并将其应用到图像中时，滤镜就会通过分析整幅图像或选择区域中的每个像素的色度值和位置，采用数学方法计算，并用计算结果代替原来的像素，从而使图像产生随机化或预先确定的效果。

在使用滤镜前，要先确定滤镜的作用范围，然后再执行滤镜命令。如果在使用滤镜时没有确定好滤镜的使用范围，滤镜命令就会对整个图像进行效果处理。在对分辨率较高的图像文件应用某些滤镜功能时，会占用较多的内存空间，这时会造成电脑的运行速度减慢。

当执行完一个滤镜命令后，如果还想对图像中的滤镜效果作一些调整，可以执行"编辑"→"渐隐"命令，或按<Ctrl+Shift+F>组合键，此时将弹出"渐隐"对话框，如图 8-1-1 所示。

图 8-1-1　"渐隐"对话框

通过拖动"不透明度"滑块调整不透明度来决定滤镜效果的强度，并可以在"模式"下拉列表框中选择一种混合模式，来与被处理的画面进行混合。

Photoshop 的滤镜功能主要有五个方面的作用，分别是优化印刷图像、优化 Web 图像、提高工作效率、增强创意效果和创建三维效果。滤镜极大地增强了 Photoshop 的功能，有了滤镜，用户就可以轻易地创造出艺术性很强的专业图像效果。

8.1.2　滤镜的使用技巧

1．使用键盘

在滤镜应用过程中，若使用一些快捷键，可以大大减少操作时间。在 Photoshop 中，一些常用的快捷键如下：

● 按<Esc>键，可以取消当前正在操作的滤镜。

● 按<Ctrl + Z>组合键，可以还原执行滤镜操作前的图像画面。

● 按<Ctrl + F>组合键，可以再次应用上一次的滤镜效果。

● 按<Ctrl + Alt + F>组合键，可以弹出上一次应用的滤镜对话框。

● 在对图像应用滤镜效果之前，可按<Ctrl + J>组合键将图像复制并创建为新的图层。在对滤镜效果不满意时，可在按住<Alt>键的同时单击"图层"面板底部的"删除图层"按钮，删除该图层。

2．操作技巧

Photoshop 是对所选择的图像范围进行滤镜效果处理的，如果在图像窗口中没有定义选区，则对整个图像进行处理；如果当前选中的是某一图层或某一通道，则只对当前图层或通道起作用。

如果只需要对图像的局部进行滤镜效果处理，可以对选取范围进行羽化处理，使该选区在应用滤镜效果后能够自然而渐进地与其他部分的图像结合，减少突兀感。

一般情况下，在工具箱中设置前景色和背景色，不会对滤镜命令的使用产生影响，不过有些滤镜是例外的，它们创建的效果是通过使用前景色或背景色来完成的，所以在应用这些滤镜之前，需要设置好当前的前景色和背景色。

如果对滤镜的操作不是很熟悉，可以先将滤镜的参数设置得小一点，然后再使用 <Ctrl＋F>组合键，多次应用滤镜效果，直至达到所需要的效果为止。

可以对特定图层单独应用滤镜，然后通过色彩混合合成图像。

可以对单一色彩通道或者 Alpha 通道使用滤镜，然后合成图像，或者将 Alpha 通道中的滤镜效果应用到主图像画面中。

在滤镜对话框中，按住<Alt>键，此时对话框中的"取消"按钮变成"复位"按钮，单击该按钮，可将滤镜设置恢复至刚打开对话框时的状态。

位图和索引颜色模式的图像不能使用滤镜。此外，不同颜色模式的图像，可以选择使用滤镜的范围也不同，如 CMYK 和 Lab 模式下的图像不可以应用"艺术效果"和"纹理"等滤镜。

滤镜对话框中几乎都有一个"预览"复选框，选中该复选框，在对话框中设置滤镜参数时，将在图像窗口中显示其预览状态。

对文本图层和形状图层应用滤镜时，系统会提示先将其转换为普通图层之后才可以使用滤镜功能。

3．如何提高工作效率

应用一些滤镜效果时需要占用很多内存，尤其是应用于高分辨率图像时。可以使用以下小技巧来提高使用滤镜时的效率。

● 先对图像的一小部分使用滤镜，再对整个图像执行滤镜操作。

● 如果图像太大且内存不足，可先对单个通道应用滤镜效果，再对 RGB 通道使用滤镜。

● 在低分辨率的文件备份上先试用滤镜，记录下所用滤镜的设置参数，再对高分辨率的原图应用该滤镜。

4．常见滤镜操作

选择滤镜功能常常需要花费很长的时间，因此在 Photoshop 的绝大多数滤镜对话框中都提供了预览图像的功能，这样可以大大提高工作效率。预览图像时，大致有以下几种方法：

单击对话框中的"＋"或"－"按钮，可以增大或减小预览图像的显示比例；按住<Ctrl>键的同时单击预览框，可增大显示比例；按住<Alt>键的同时单击预览框，可减小显示比例。

将鼠标指针移至预览框，当鼠标指针变成 形状时，按住鼠标左键并拖曳，即可移动预览框中的图像。

【案例：木纹效果】

(1) 新建文件。新建一个大小为 390 像素×360 像素的文件，如图 8-1-2 所示。

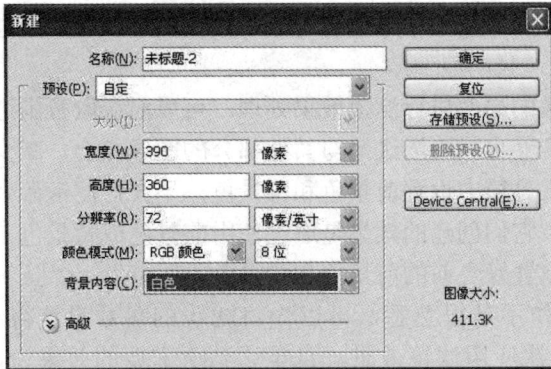

图 8-1-2　新建文件

(2) 添加杂色过滤。执行"滤镜"→"杂色"→"添加杂色"命令，将"数量"设置为 50%，选中"高斯分布"单选按钮，选中"单色"复选框，如图 8-1-3 所示，单击"确定"后得到如图 8-1-4 所示的添加杂色效果。

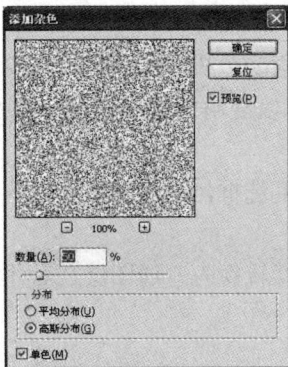

图 8-1-3　添加杂色

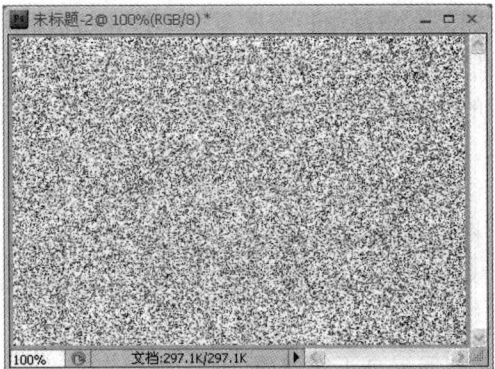

图 8-1-4　添加杂色效果

(3) 添加模糊滤镜。执行"滤镜"→"模糊"→"动感模糊"命令，"距离"设置为 100 像素，如图 8-1-5 所示，单击确定后得到如图 8-1-6 所示的动感模糊效果。

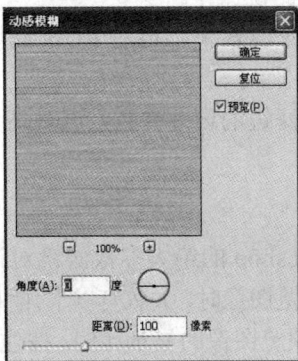

图 8-1-5　动感模糊

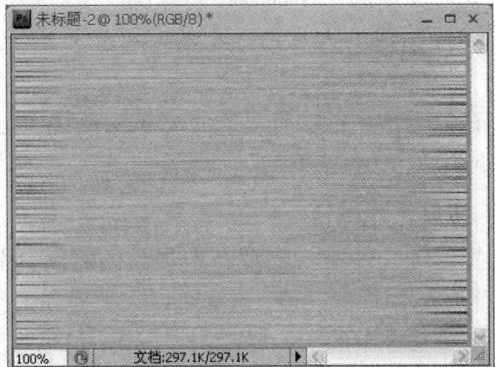

图 8-1-6　动感模糊效果

(4) 添加图层样式效果。双击"背景"层，单击"确定"按钮，得到"图层 0"。单击"图层"面板的"添加图层样式"按钮，分别对"斜面和浮雕""光泽""渐变叠加"

进行设置，对话框的设置依次如图 8-1-7、图 8-1-8、图 8-1-9 所示。单击"确定"按钮后，
得到如图 8-1-10 所示的图层样式效果。

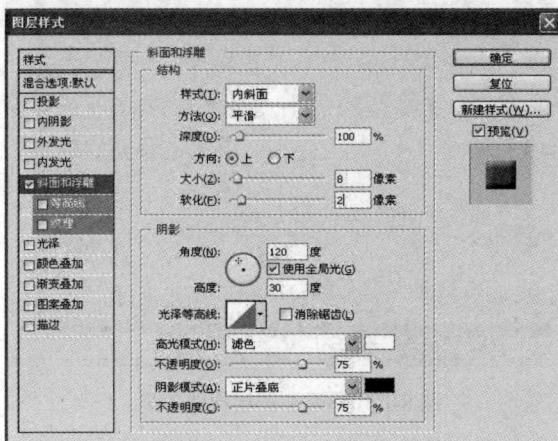

图 8-1-7　"斜面和浮雕"样式

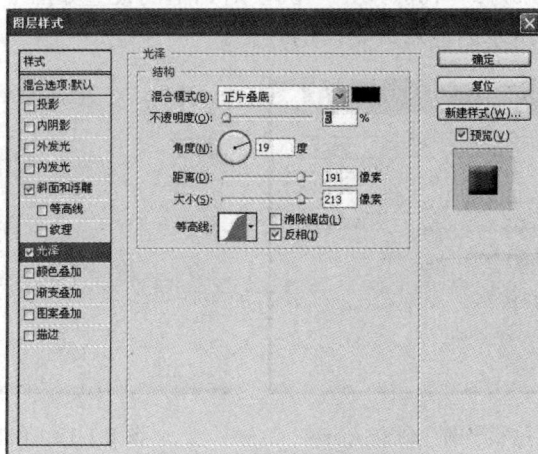

图 8-1-8　"光泽"样式

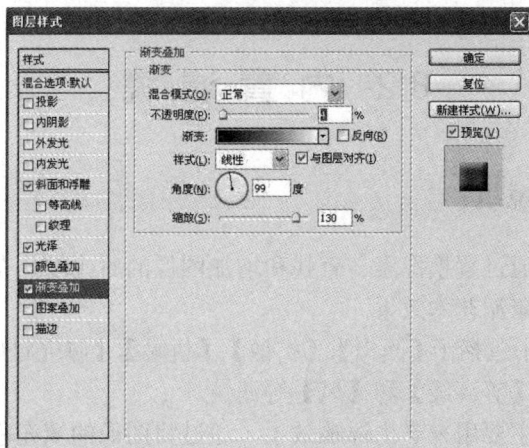

图 8-1-9　"渐变叠加"样式

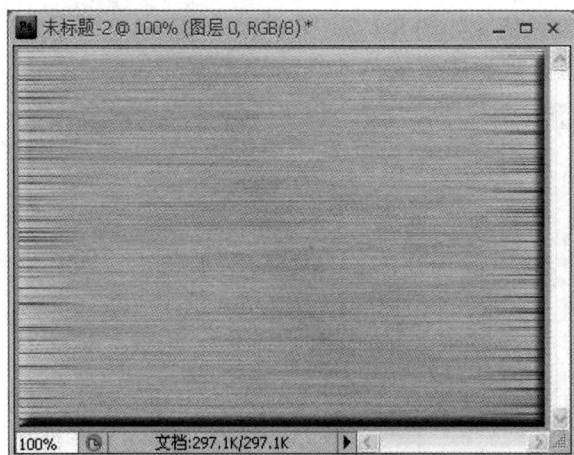

图 8-1-10　添加图层样式效果

(5) 调整图像色彩平衡。调整图像的色彩平衡，执行"图像"→"调整"→"色彩平衡"命令，色阶的值输入为：+100、0、–100，对话框的设置如图 8-1-11 所示，单击"确定"后得到如图 8-1-12 所示的色彩调整后的效果。

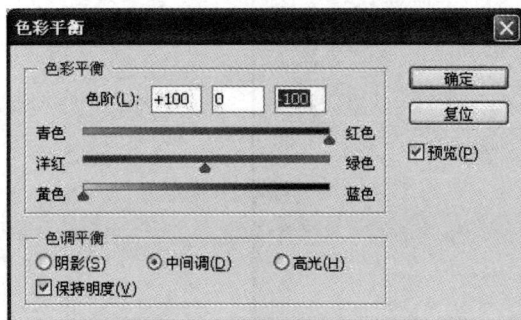

图 8-1-11　"色彩平衡"命令

图 8-1-12　色彩调整后的效果

(6) 保存文件。以"木纹"为名分别保存 .psd 和 .jpg 两种格式的文件。

8.2　内 置 滤 镜

8.2.1　【风格化】滤镜组

　　【风格化】滤镜组通过置换像素、查找和增加图像的对比度，在整幅图像或选择区域中产生一种绘画式或印象派艺术效果。

　　【风格化】滤镜组中包括了【凸出】、【扩散】、【拼贴】、【曝光过度】、【查找边缘】、【浮雕效果】、【照亮边缘】、【等高线】和【风】等滤镜。

　　【浮雕效果】滤镜主要用来产生浮雕效果，通过将图像的填充色转换为灰色，并用原填充色描画边缘，从而使图像显得凸起或压低，如图 8-2-1 所示。

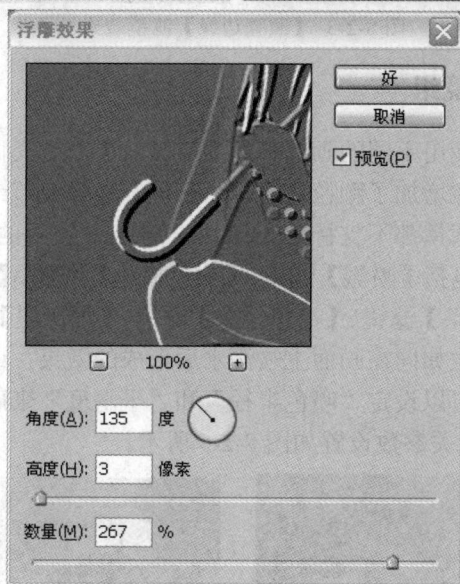

图 8-2-1 【浮雕效果】滤镜效果及相关参数设置

【查找边缘】滤镜主要用来搜索颜色像素对比度变化剧烈的边界，将高反差区变成亮色，低反差区变暗，其他区域则介于二者之间；将硬边变为线条，而柔边变粗，形成一个厚实的轮廓，如图 8-2-2 所示。

【照亮边缘】滤镜能够使图像产生明亮的轮廓线，从而产生一种类似于霓虹灯的亮光效果。该滤镜擅长处理带有文字的图像，如图 8-2-3 所示。

图 8-2-2 【查找边缘】滤镜效果

图 8-2-3 【照亮边缘】滤镜效果

8.2.2 【画笔描边】滤镜组

【画笔描边】滤镜组使用不同的画笔和油墨笔触效果产生类似绘画式的精美的艺术效果。其中的一些滤镜为图像增加了颗粒、绘画、杂色、边缘细节或纹理，以得到点状化效果。应当注意的是，这组滤镜都不支持 CMYK 模式和 Lab 模式的图像。

【画笔描边】滤镜组包括【喷溅】滤镜、【喷色描边】滤镜、【墨水轮廓】滤镜、【强化的边缘】滤镜、【成角的线条】滤镜、【深色线条】滤镜、【烟灰墨】滤镜和【阴影线】滤镜。

【喷溅】滤镜可以产生如同在画面上喷洒水后形成的效果，或有一种被雨水淋湿的视觉效果。在其对话框中，可以设定"喷色半径"和"平滑度"来确定喷射效果的轻重，滤镜效果如图 8-2-4 所示。相关参数设置如图 8-2-5 所示。

图 8-2-4 【喷溅】滤镜效果

图 8-2-5 相关参数设置

【深色线条】滤镜可在图像中用短的、密的线条绘制与黑色接近的深色区域，用长的、白色的线条绘制图像中颜色较浅的区域，从而产生强烈的黑白对比效果。利用其对话框可以设定亮暗对比"平衡""黑色强度""白色强度"，滤镜效果如图 8-2-6 所示。相关参数设置如图 8-2-7 所示。

图 8-2-6　【深色线条】滤镜效果

图 8-2-7　相关参数设置

8.2.3　【模糊】滤镜组

【模糊】滤镜组的主要作用是消弱相邻像素间的对比度，达到柔化图像的效果。它主要通过对颜色变化较强区域的像素使用平均化的手段达到模糊的效果。

【模糊】滤镜组包括【动感模糊】滤镜、【平均】滤镜、【径向模糊】滤镜、【模糊】滤镜、【特殊模糊】滤镜、【进一步模糊】滤镜、【镜头】滤镜和【高斯】滤镜。

【动感模糊】滤镜通过在某一方向对像素进行线性位移，从而产生沿某一方向运动的模糊效果，其结果就好像拍摄处于运动状态物体的照片。该滤镜的对话框中有两个选项：角度和距离。"角度"用于控制动感模糊的方向，即产生往某一个方向的运动效果；在"距离"编辑框中设定像素移动的距离。滤镜效果如图 8-2-8 所示(在应用时可以使用选区只对车子以外的图像执行【动感模糊】命令)。

图 8-2-8　　【动感模糊】滤镜效果

【径向模糊】滤镜能够产生旋转模糊效果，模拟前后移动或旋转相机的效果。选择该滤镜时，系统将打开"径向模糊"对话框，如图 8-2-9 所示。在"径向模糊"对话框中，"数量"选项定义模糊的强度；"模糊方法"有"旋转"和"缩放"两种，分别对应产生旋转模糊效果和放射状模糊效果；"品质"用于设定【径向模糊】滤镜处理图像的质量；"中心模糊"设定模糊中心的位置。

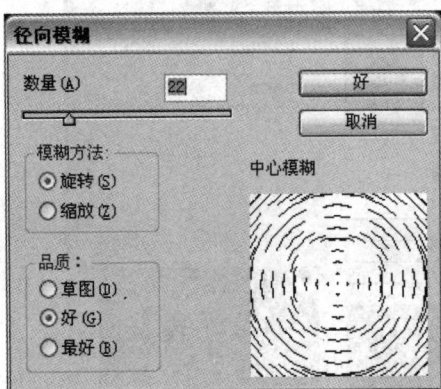

图 8-2-9　　"径向模糊"对话框

图 8-2-10　　素材

打开素材，如图 8-2-10 所示，对其分别使用"旋转"和"缩放"方式的径向模糊，效果如图 8-2-11 和图 8-2-12 所示。

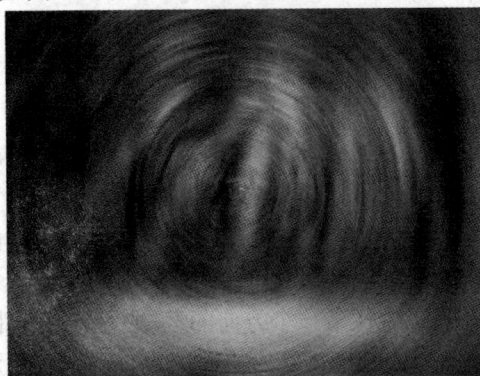

图 8-2-11　　使用"旋转"方式

图 8-2-12　　使用"缩放"方式

8.2.4 【扭曲】滤镜组

【扭曲】滤镜组可以对图像进行几何变形或其他变形以及创建三维效果。这些扭曲命令比如非正常拉伸、波纹等，能产生模拟水波、镜面反射、哈哈镜等效果。

值得注意的是，这些滤镜会占用较多内存，影响计算机的运行速度。

【扭曲】滤镜组包括【扩散亮光】滤镜、【置换】滤镜、【玻璃】滤镜、【海洋波纹】滤镜、【挤压】滤镜、【极坐标】滤镜、【波纹】滤镜、【切变】滤镜、【球面化】滤镜、【旋转扭曲】滤镜、【波浪】滤镜和【水波】滤镜。

【玻璃】滤镜能够模拟透过玻璃观看图像的效果，并且能够根据用户所选用的玻璃纹理而产生不同的变形。当应用"块状"纹理时，滤镜效果如图 8-2-13 所示。

图 8-2-13 【玻璃】滤镜效果

【球面化】滤镜可以将整个图像或选取范围内的图像向内或向外挤压，产生一种球面挤压的效果。在其对话框中，"数量"选项用于控制挤压的方向，正值时为向内凹陷，负值时为向外凸出。滤镜效果如图 8-2-14 所示。

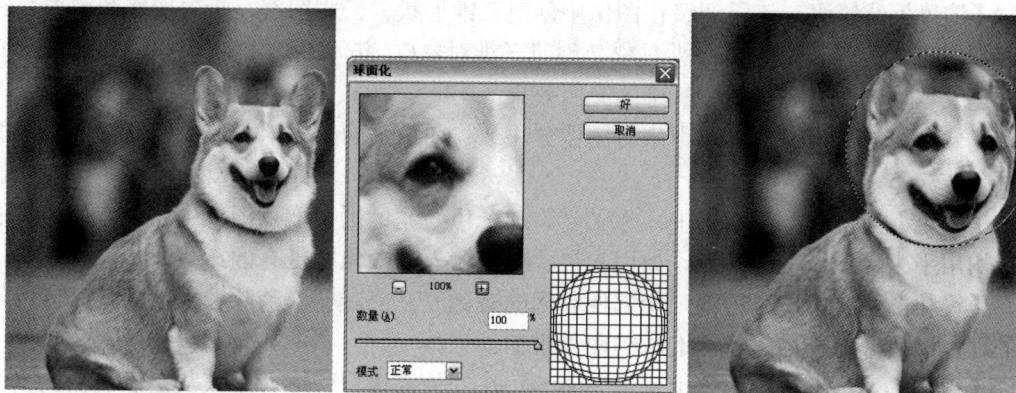

图 8-2-14 【球面化】滤镜效果

8.2.5 【素描】滤镜组

【素描】滤镜组主要用来模拟素描、速写等艺术效果。使用该滤镜组可以制作出类似于手绘的作品，还可以给图像增加纹理，常用于制作三维效果。许多【素描】滤镜都是使用前景色或背景色作为图像变化的主要颜色。

　　　　【素描】滤镜组包括【基底凸现】滤镜、【粉笔和炭笔】滤镜、【炭笔】滤镜、【铬黄】滤镜、【炭精笔】滤镜、【绘图笔】滤镜、【半调图案】滤镜、【便条纸】滤镜、【影印】滤镜、【塑料效果】滤镜、【网状】滤镜、【图章】滤镜、【撕边】滤镜和【水彩画纸】滤镜。

　　　　【基底凸现】滤镜能够产生一种粗糙、类似于浮雕且用光线照射强调表面变化的效果。在图像较暗区域使用前景色，较亮区域使用背景色。执行完这个命令后，文件图像颜色只存在黑、灰、白三色。滤镜效果如图 8-2-15 所示。

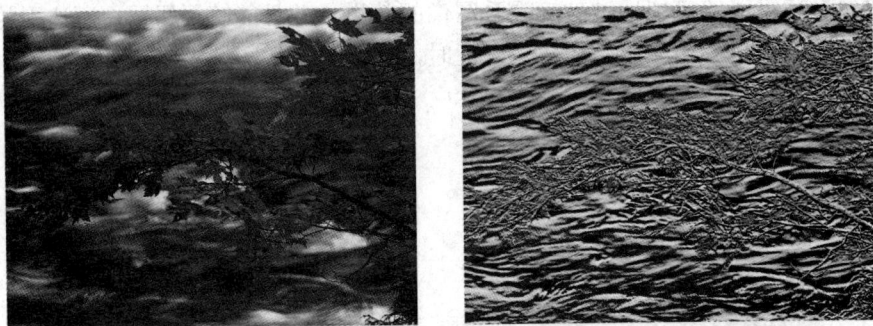

图 8-2-15　　【基底凸现】滤镜效果

　　　　限于篇幅，其他的滤镜就不在此多作介绍了，下面将不同的滤镜组所完成的不同效果进行简单的介绍。

　　　　【纹理】滤镜组：可以制作出多材质肌理，产生类似于天然材料的表面效果。

　　　　【艺术效果】滤镜组：可以制作出油画、铅笔画、水彩画、粉笔画和水粉画等各种不同的艺术效果。更多的时候用来处理计算机绘制的图像，隐藏计算机加工图像的痕迹，使它们看起来更贴近人工创作的效果。需要注意的是，这组滤镜只能在 RGB 色彩模式和灰度色彩模式下使用。

　　　　【渲染】滤镜组：该组滤镜在图像中创建三维形状、云彩图案、折射图案和模拟光线反射。还可以在三维空间中操纵对象、创建三维对象(立方体、球体和圆柱)，并从灰度文件创建纹理填充，以制作类似三维的光照效果。

　　　　【像素化】滤镜组：主要用来将图像分块或将图像平面化，这类滤镜常常会使原图像面目全非。

　　　　【杂色】滤镜组：在该组中，除了"添加杂色"滤镜用于增加图像中的杂点外，其他滤镜均用于去除图像中的杂点，如用来消除扫描输入的图像中带有的斑点和折痕。

　　　　【锐化】滤镜组：通过增强相邻像素间的对比度，来减弱或消除图像的模糊。可以用来处理由于摄影及扫描等原因造成的图像模糊。

　　　　【视频】滤镜组：这组滤镜输入 Photoshop 的外部接口程序，用来从摄像机输入图像或将图像输出到录像带上，主要用于解决与视频图像交换时系统差异的问题。

　　　　【案例：简单水效果】

　　　　本例中主要用到的命令有：【分层云彩】滤镜、【高斯模糊】滤镜、【径向模糊】滤镜、【基底凸现】滤镜、【铬黄】滤镜以及【色相/饱和度】。

操作步骤如下：

(1) 执行"文件"→"新建"命令(快捷键<Ctrl＋N>)，新建一个图像文件，设置大小为 800×600 像素，色彩模式为 RGB 颜色，前景色和背景色为默认的黑白色(快捷键<D>)。

(2) 执行"滤镜"→"渲染"→"分层云彩"命令，给图像增加云状效果，如图 8-2-16 所示。

图 8-2-16　云彩效果图

(3) 执行"滤镜"→"模糊"→"高斯模糊"命令，对图像进行高斯模糊，在如图 8-2-17 所示的对话框中设置半径为 1 像素，效果如图 8-2-18 所示。

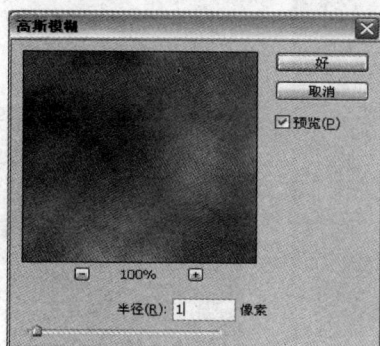

图 8-2-17　"高斯模糊"对话框　　　　图 8-2-18　高斯模糊效果图

(4) 执行"滤镜"→"模糊"→"径向模糊"命令，设置参数如图 8-2-19 所示，效果如图 8-2-20 所示。

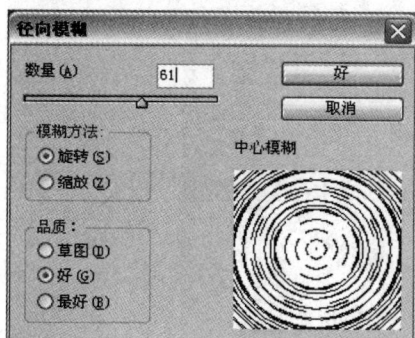

图 8-2-19　"径向模糊"对话框　　　　图 8-2-20　径向模糊效果图

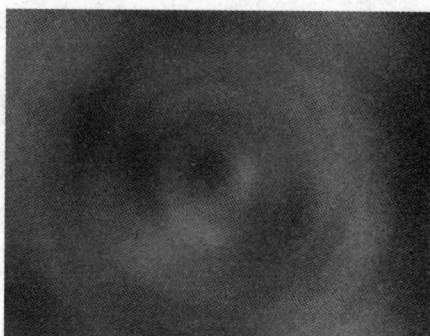

(5) 执行"滤镜"→"素描"→"基底凸现"命令，显示如图 8-2-21 所示对话框，参数设置为：细节：13；平滑度：2；光照：下。效果如图 8-2-22 所示。

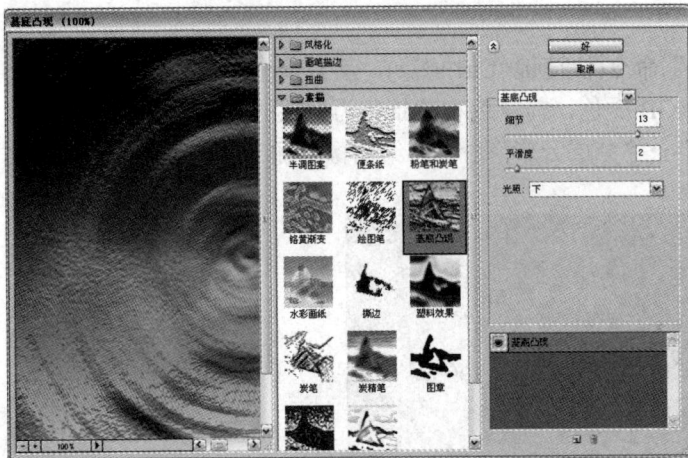

图 8-2-21 "基底凸现"对话框

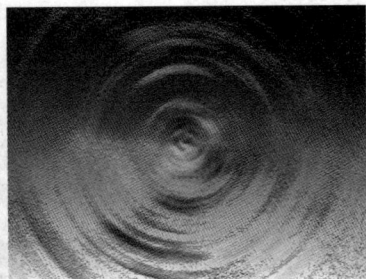

图 8-2-22 基底凸现效果图

(6) 执行"滤镜"→"素描"→"铬黄"命令，在图 8-2-23 所示对话框中进行如下设置：细节：4；平滑度：7。效果如图 8-2-24 所示。

图 8-2-23 "铬黄渐变"对话框

图 8-2-24 铬黄效果图

(7) 执行"图像"→"调整"→"色相/饱和度"命令(快捷键<Ctrl+U>)，弹出如图 8-2-25 所示对话框，勾选【着色】复选框，给图像上色。

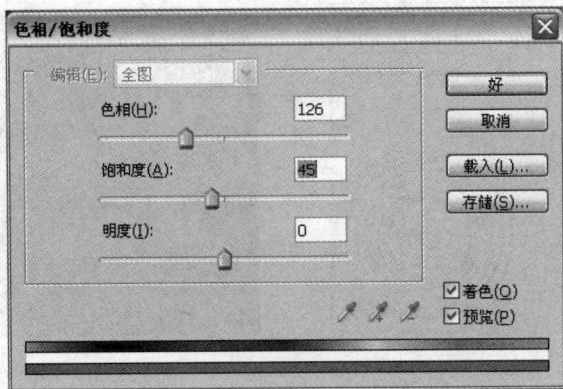

图 8-2-25 "色相/饱和度"对话框

(8) 最终效果如图 8-2-26 所示。

图 8-2-26 最终效果

【案例：制作冰雪字】

本例中主要用到的命令有：【添加杂色】滤镜、【高斯模糊】滤镜、【晶格化】滤镜、【风】滤镜以及【渐变映射】。

操作步骤如下：

(1) 新建一个 400×280 的文件，并将背景填充为黑色，如图 8-2-27 所示。

图 8-2-27 新建文件

(2) 新建一个文字层。输入白色的文字"冰雪字"，将字体改为"华文新魏"，"斜体"。将文字图层栅格化，如图 8-2-28 所示。

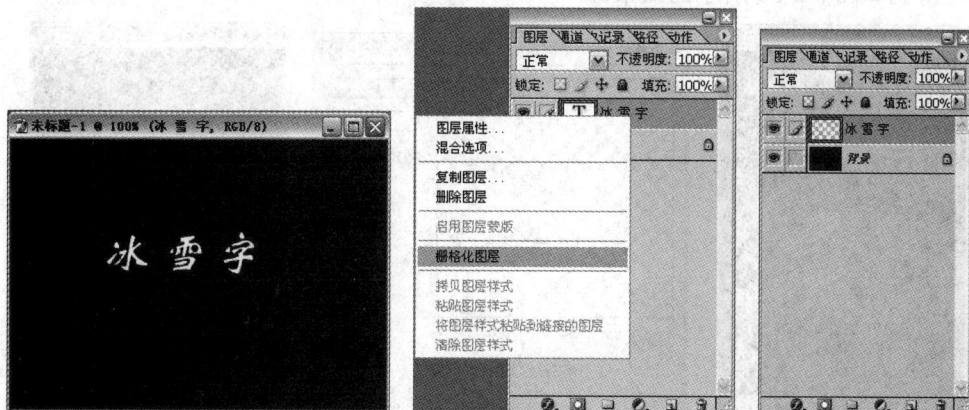

图 8-2-28 新建文字图层并栅格化

(3) 在选中当前"冰雪字"图层的情况下，执行"滤镜"→"杂色"→"添加杂色"命令，弹出"添加杂色"对话框，参数设置如图 8-2-29 所示，得到如图 8-2-30 所示的效果。

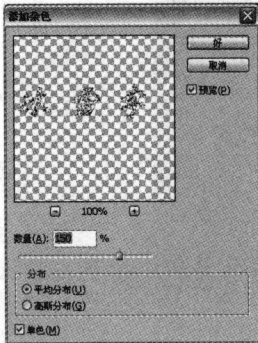

图 8-2-29 "添加杂色"对话框

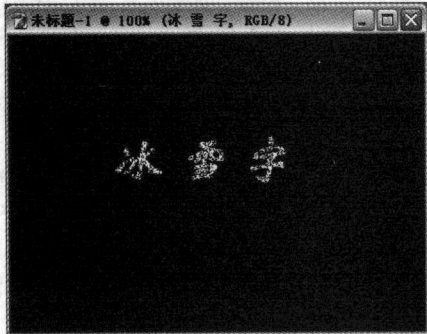

图 8-2-30 添加杂色效果

(4) 执行"滤镜"→"像素化"→"晶格化"命令，弹出"晶格化"对话框，参数设置如图 8-2-31 所示，效果如图 8-2-32 所示。

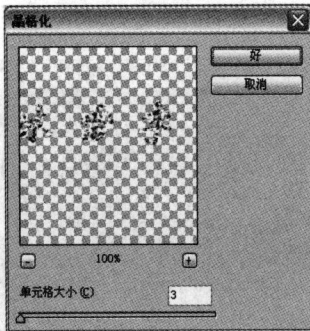

图 8-2-31 "晶格化"对话框

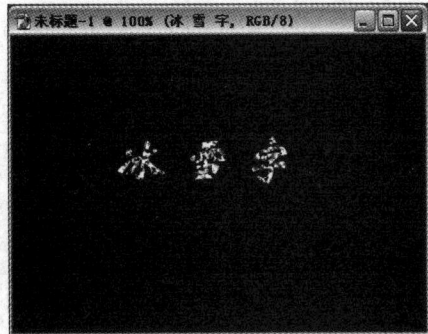

图 8-2-32 晶格化效果

(5) 执行"图像"→"旋转画布"→"90 度(顺时针)"命令，如图 8-2-33 所示，执行"滤镜"→"模糊"→"高斯模糊"命令，弹出"高斯模糊"对话框，参数设置如图 8-2-34 所示，得到如图 8-2-35 所示的效果。

图 8-2-33 旋转画布效果

图 8-2-34 "高斯模糊"对话框

图 8-2-35 高斯模糊效果

(6) 执行"滤镜"→"风格化"→"风"命令，参数设置如图 8-2-36 所示，并执行"图像"→"旋转画布"→"90 度(逆时针)"命令，将画布旋转回去，如图 8-2-37 所示。

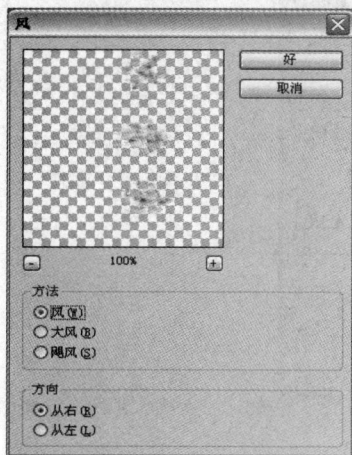

图 8-2-36　"风"对话框　　　　　　　　　图 8-2-37　【风】滤镜效果

(7) 在图层面板中，建立一个"渐变映射"调整层，如图 8-2-38 所示，此时弹出"渐变映射"对话框，如图 8-2-39 所示。

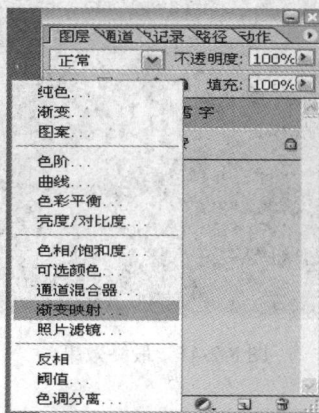

图 8-2-38　添加"渐变映射"调整层

图 8-2-39　"渐变映射"对话框

(8) 双击"点按可编辑渐变"渐变色条，弹出"渐变编辑器"对话框，设置一条从蓝到白的渐变，如图 8-2-40 所示。单击【好】，并将图层的混合模式改为"正片叠底"，最终效果如图 8-2-41 所示。

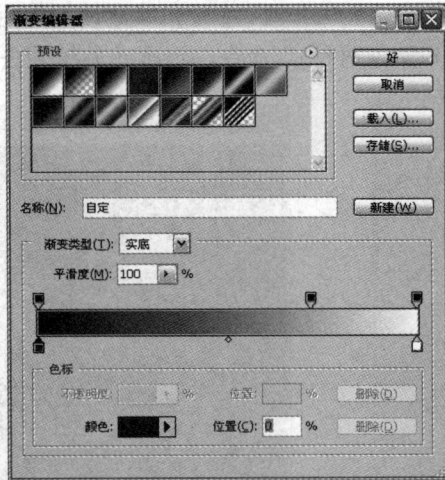

图 8-2-40　设置渐变颜色

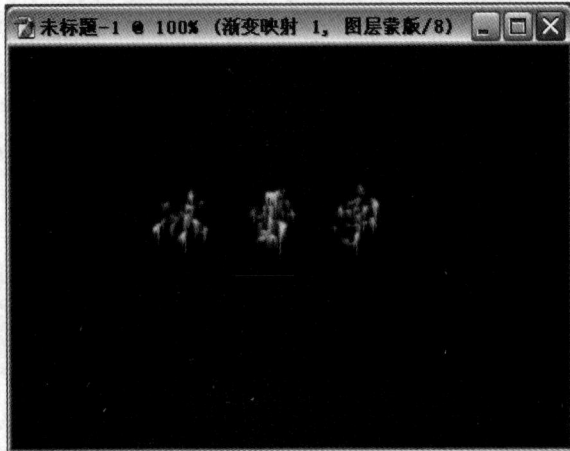

图 8-2-41　最终效果

第九章 综 合 设 计

9.1 平面相册设计

9.1.1 平面相册基本知识

平面相册主要用于记录成长经历、婚庆、个人写真等，在拥有相片的基础上，进行一定的设计，并使用一定的印刷包装技术装订成册，以供纪念。

1. 平面相册的基本尺寸

影楼制作的平面相册，一般有以下尺寸，如表9-1所示。

表 9-1 平面相册的常用尺寸

影楼尺寸	英 寸	厘 米
3寸 = 2R	2.5 × 3.5	6.4 × 8.9
5寸 = 3R	3.5 × 5	8.9 × 12.7
6寸 = 4R	4 × 6	10.2 × 15.2
6寸 = 4D	4.5 × 6	11.4 × 15.2
7寸 = 5R	5 × 7	12.7 × 17.8
8寸 = 6R	6 × 8	15.2 × 20.3
10寸 = 7R	7 × 10	17.8 × 25.4
12寸	8 × 12	20.3 × 30.5
18寸	12 × 18	30.5 × 45.7

备注：1英寸 = 2.54厘米

2. 平面相册的分类

目前平面相册按制作工艺来分，分为两大类：传统手工相册和一体成型相册。

传统手工相册又分为三类：

(1) 非全满版相册。

(2) 全满版相册。

(3) 全满版跨页无中缝相册。

一体成型相册大致可以分为三类：

(1) 普通一体成型相册。

(2) 圣经相册(磨砂摄影婚纱 A 套主打相册)。

(3) 水晶封面圣经相册(磨砂摄影婚纱 B 套主打相册)。

还有一种"假圣经相册",就是用圣经相册的底册手工制作的。

9.1.2　平面相册案例

在制作平面相册时,我们频繁地用到蒙版和画笔的知识。蒙版主要用来抠取主体人物和多张图片的融合效果,画笔主要用来进行点缀画面。

下面就来讲解平面相册的制作方法,以下所介绍的实例都是以婚纱相册为主,感兴趣的读者可以自己制作属于自己的相册。

【平面相册实例一】

制作步骤如下:

1. 抠取婚纱人物

(1) 新建一个空白的文件,在弹出的对话框中,设置参数如图 9-1-1 所示。宽度为 6 英寸,高度为 4 英寸,分辨率为 300 像素/英寸,颜色模式为 CMYK 颜色。

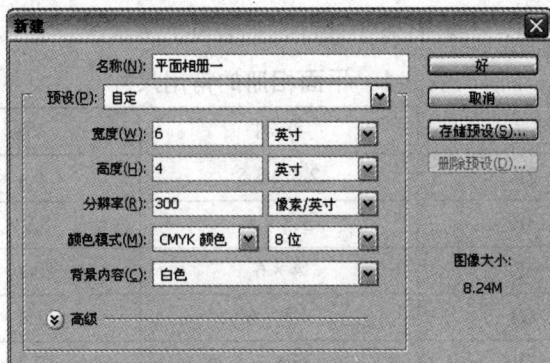

图 9-1-1　"新建"对话框

(2) 打开素材一,将素材一拖入新建的"平面相册一"文件中,调整其尺寸与新建文件一致。完成效果如图 9-1-2 所示。

图 9-1-2　导入素材一

(3) 打开一张新娘的婚纱图片,如图 9-1-3 所示,将其中的人物抠取出来。前面我们讲过几种抠取人物的方法,因为图片比较复杂,在这里选用通道进行抠图。打开通道面板,查找明暗对比较为明显的通道，在此图中选蓝通道，按住<Ctrl>键单击蓝通道载入选区，如图 9-1-4 所示。

图 9-1-3　素材二

图 9-1-4　使用通道构建选区

（4）选择菜单栏中的"窗口"→"色板"命令，在"色板"面板中选择红色，将工具箱中的前景色设置为红色。新建图层 1，并将图层的混合模式设置为"滤色"模式，然后填充前景色，如图 9-1-5 所示。

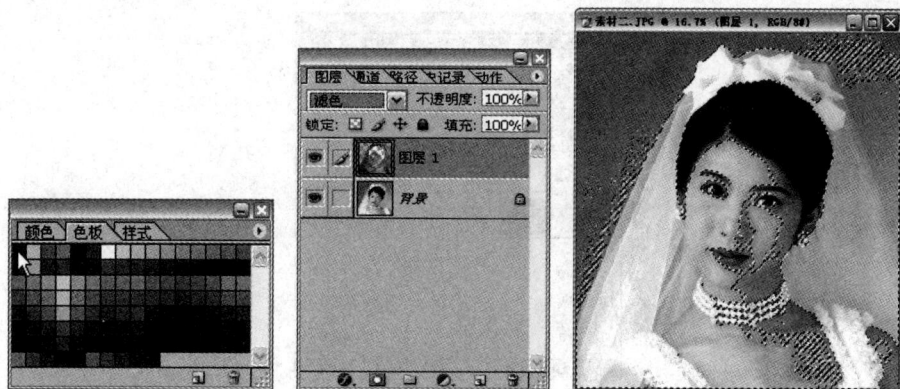

图 9-1-5　给选区填充红色

（5）使用相同的方法，分别建立图层 2 和图层 3，并将图层的混合模式都设置为"滤色"模式，然后将"图层 2"填充绿色，"图层 3"填充蓝色，如图 9-1-6 所示。

图 9-1-6　添加图层

(6) 连续按两次<Ctrl+E>键，将"图层 3"和"图层 2"向下合并到"图层 1"中，然后按<Ctrl+D>键取消选区，如图 9-1-7 所示。

图 9-1-7　合并图层

(7) 将"背景"层复制为"背景副本"层，然后将"背景"层设置为当前层，并为其填充深蓝色(C100，M99，Y8，K2)。将"背景副本"层设置为当前层，然后单击"图层"面板底部的"添加蒙版"按钮，为"背景副本"层添加图层蒙版，如图 9-1-8 所示。

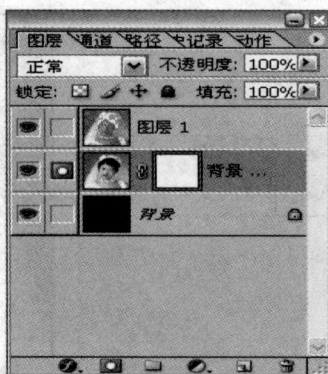

图 9-1-8　添加图层蒙版

(8) 按<D>键将前景色和背景色设置为默认的黑色和白色，然后利用工具箱中的画笔工具对蒙版进行编辑，在编辑过程中可通过<X>键互换前景色和背景色，以便修改编辑蒙版，如图 9-1-9 所示。

图 9-1-9 使用画笔涂抹蒙版

(9) 将"图层 1"设置为当前层，单击工具箱中的橡皮工具，然后在属性栏中设置画笔参数为主直径为 86，硬度为 50%，沿婚纱边缘进行擦除。将"背景层"与"图层 1"链接，然后单击工具箱中的移动按钮，将其移动到"平面相册一"文件中并调整到合适的位置，效果如图 9-1-10 所示。

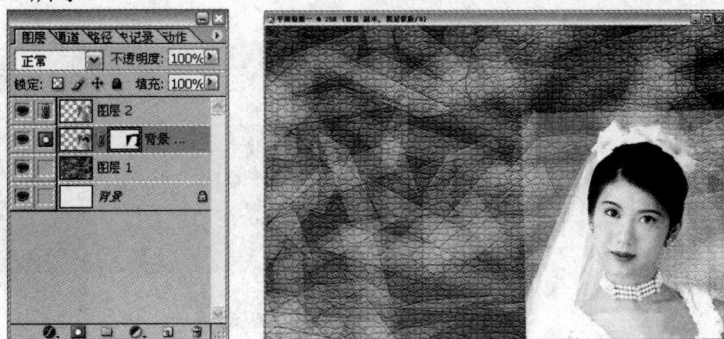

图 9-1-10 链接并移动图层

(10) 给图层 2 添加蒙版，然后使用黑色的笔刷进行适当的涂抹，得到如图 9-1-11 所示效果。

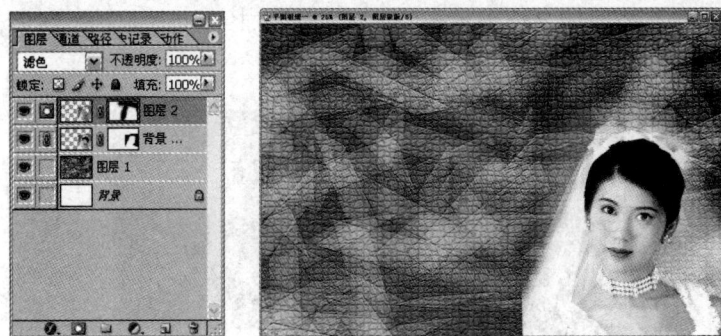

图 9-1-11 添加蒙版并进行编辑

2. 制作胶卷相框

(1) 新建一个 100×80 的文件，然后新建一个图层，使用矩形选框工具，选取一个比文件稍小的选区，执行"选择"→"修改"→"平滑"命令，设置取样半径为 5 个像素值，填充为黑色，效果如图 9-1-12 所示。

图 9-1-12　绘制选区并填充颜色

(2) 选择"编辑"→"定义画笔预设"命令，将当前的选区定义为"样本画笔 1"，然后关闭文件。

(3) 在"平面相册一"文件中，新建一层，在工具栏中单击矩形工具，在属性栏中单击"填充像素"，设置前景色为灰色，绘制一个矩形，如图 9-1-13 所示。

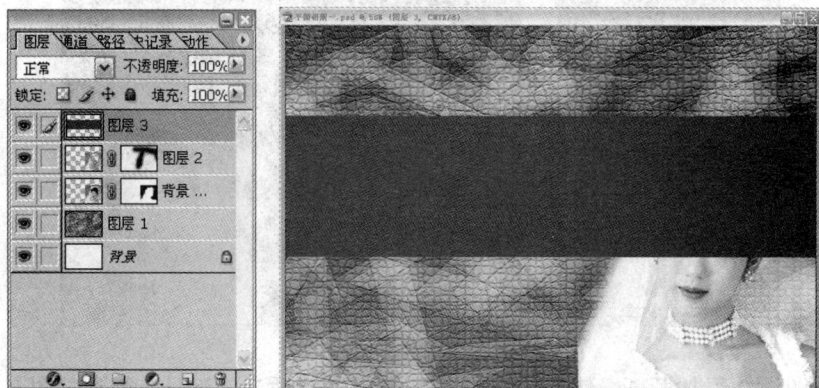

图 9-1-13　使用矩形工具绘制矩形(一)

(4) 再新建一层，设置前景色为黑色，在刚才的矩形中再绘制一个矩形，如图 9-1-14 所示。

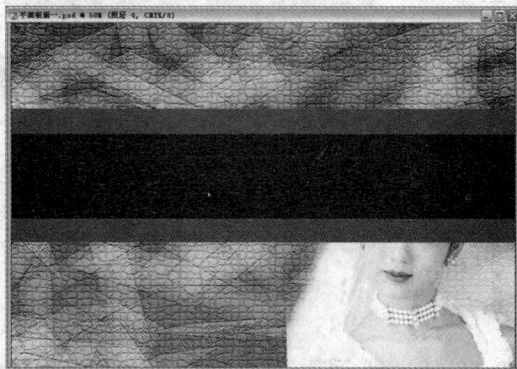

图 9-1-14　使用矩形工具绘制矩形(二)

(5) 新建一个图层，选择画笔工具，按 F5 调出画笔属性，选中刚刚定义好的画笔，设置好间距和画笔大小，如图 9-1-15 所示。设置前景色为白色，按住<Shift>键，在画布上拉出一条矩形方框出来，如图 9-1-16 所示。

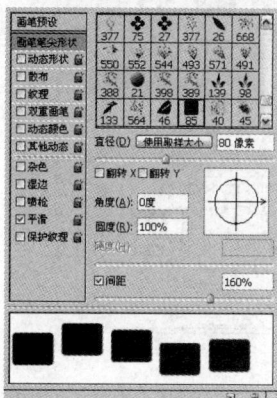

图 9-1-15　编辑画笔

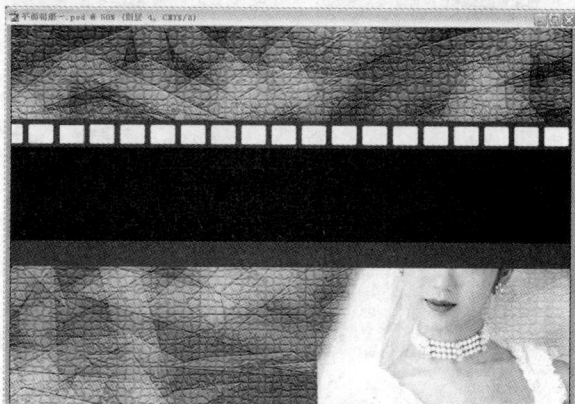

图 9-1-16　使用画笔绘制图形

(6) 选择移动工具，并按住<Alt>键，对刚刚绘制出来的白色方框进行移动，可以复制当前白色方框所在的图层。接下来，新建一层，并调整笔刷的大小和间距，再次绘制一条白色的方框，效果如图 9-1-17 所示，此时的图层面板如图 9-1-18 所示。

图 9-1-17　使用画笔绘制胶卷效果

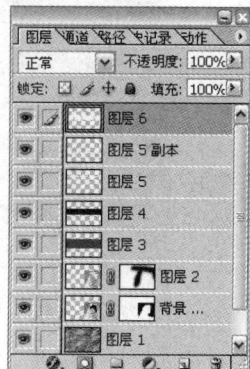

图 9-1-18　图层面板

(7) 将胶卷所在的图层 3 至图层 6 进行合并，如图 9-1-19 所示。使用魔棒工具，选择白色的方块，然后按下<Delete>键进行删除，如图 9-1-20 所示。

图 9-1-19　合并图层

图 9-1-20　删除选区

(8) 双击图层 3，给胶卷图层添加阴影样式，并复制 2 个胶卷图层，如图 9-1-21 所示。

图 9-1-21　给图层添加样式

(9) 此时就可以将其他的素材加进来，调整大小以适应胶卷中方框的大小。完成之后进行图层的合并与大小的调整，最终效果如图 9-1-22 所示。

图 9-1-22　编辑胶卷相框

(10) 在工具箱中选择文字工具，在画布上输入文字，最终效果如图 9-1-23 所示。

图 9-1-23　最终效果

【平面相册实例二】

制作步骤如下：

(1) 新建一个空白的文件，在弹出的对话框中，参数设置如图 9-1-24 所示。宽度为 6 英寸，高度为 4 英寸，分辨率为 300 像素/英寸。

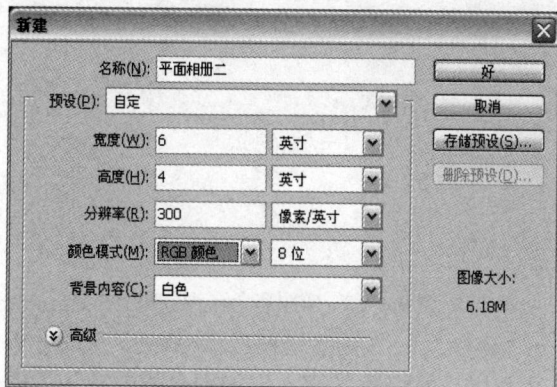

图 9-1-24 "新建"对话框

(2) 选择前景色为黄色，背景色为白色，在工具箱中选择渐变工具，拉出如图 9-1-25 所示渐变。复制背景图层，执行"滤镜"→"像素化"→"彩色半调"命令，弹出如图 9-1-26 所示对话框，设置为默认值，得到如图 9-1-27 所示效果。

图 9-1-25 使用渐变工具绘制图形

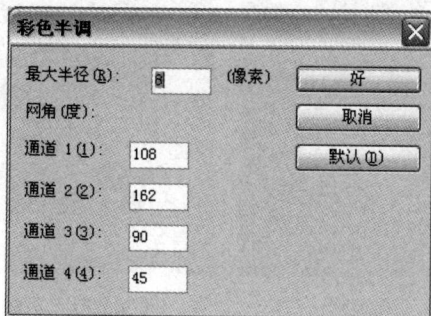

图 9-1-26 "彩色半调"对话框

图 9-1-27　应用彩色半调效果

(3) 执行"滤镜"→"模糊"→"径向模糊"命令,弹出如图 9-1-28 所示对话框,设置数量为 70,模糊方法为旋转,并将背景副本层的混合模式改为【排除】,得到如图 9-1-29 所示效果。

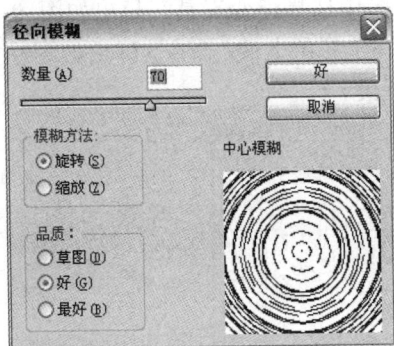

图 9-1-28　"径向模糊"对话框

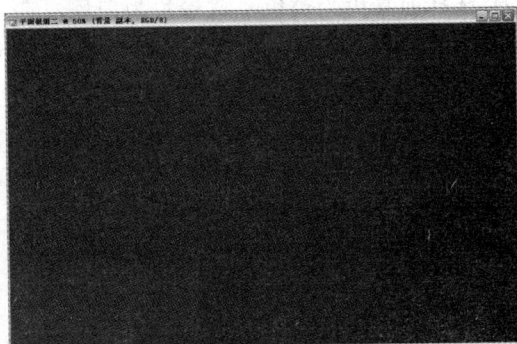

图 9-1-29　更改图层混合模式效果

(4) 新建图层 1,设置前景色为蓝色,在工具箱中选择渐变工具,拉出如图 9-1-30 所示渐变。将图层 1 的混合模式改为【差值】,得到如图 9-1-31 所示效果。

图 9-1-30　使用渐变工具绘制图形

图 9-1-31　更改图层混合模式效果

(5) 将如图 9-1-32 所示素材一拉入文件中,执行"编辑"→"自由变换"命令,调整大小和方向得到如图 9-1-33 所示效果。

图9-1-32　素材一导入　　　　　　　　　图9-1-33　调整大小和方向

　　(6) 给当前图层添加图层蒙版，然后使用黑白画笔对蒙版进行涂抹，图层蒙版如图9-1-34所示，得到如图9-1-35所示效果。在选择画笔的时候，可以选择边缘柔和的画笔，在涂抹的过程中，注意随时改变画笔的不透明度，以呈现不透明的效果。

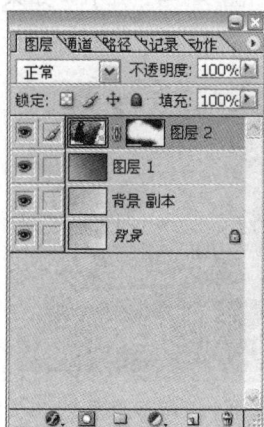

图9-1-34　添加并编辑蒙版　　　　　　　图9-1-35　编辑蒙版后效果

　　(7) 用同样的方法，拉入如图9-1-36所示素材，调整至合适的位置，然后添加图层蒙版，得到如图9-1-37所示效果。

图9-1-36　导入素材　　　　　　　　　　图9-1-37　编辑图层

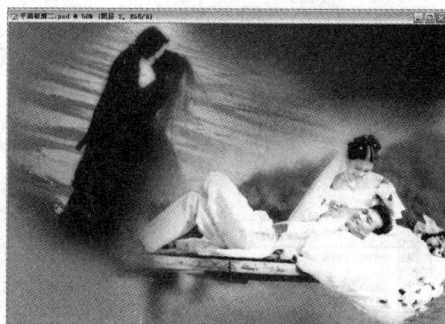

　　(8) 下面给画面上增加一些修饰。选择文字工具，在画布上写上文字，如图9-1-38所示。选择当前文字图层，点击右键，栅格化图层，如图9-1-39所示。

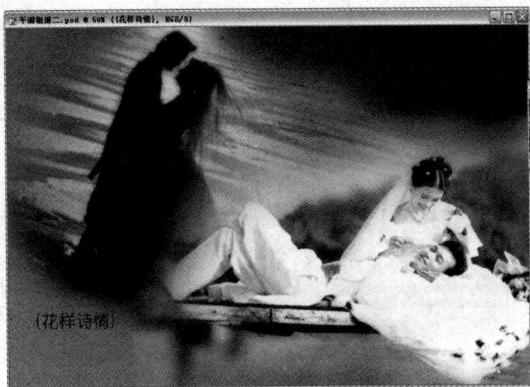

图 9-1-38　输入文字

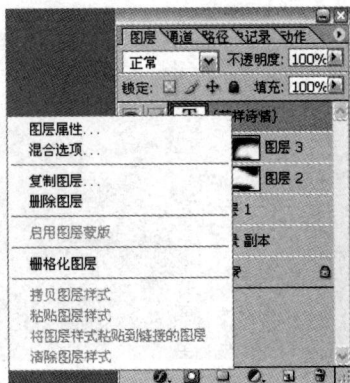

图 9-1-39　栅格化图层

(9) 按住<Ctrl>键，并单击当前图层，此时会形成一个包围在文字外的选区，使用渐变工具，选择合适的颜色，拉一条渐变出来，给文字添加颜色，效果如图 9-1-40 所示。双击文字所在图层，给图层添加"发光"和"内发光"样式，效果如图 9-1-41 所示。如果效果不明显，可以对此图层进行复制。

图 9-1-40　编辑文字图层

图 9-1-41　给文字图层添加样式

(10) 继续为画面添加文字。新建三个图层，在工具箱中选择画笔工具，选择如图 9-1-42 所示画笔，在不同的图层点击进行修饰。对这些图层调整不透明度，并添加"发光"样式。完成后的最终效果如图 9-1-43 所示。

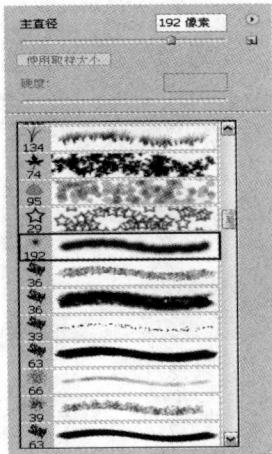

图 9-1-42　选择画笔

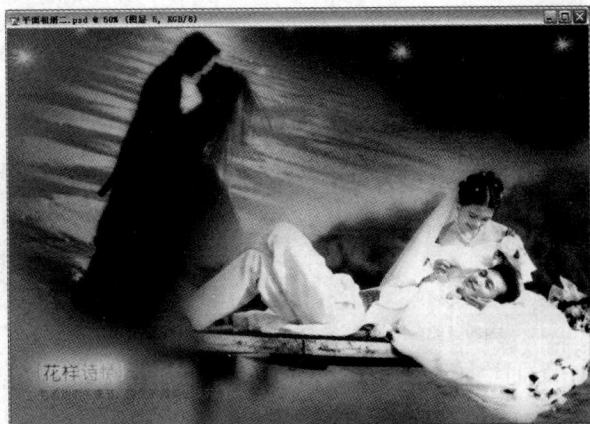

图 9-1-43　使用画笔绘制图形并进行编辑

(11) 因为要打印输入，因此执行"图像"→"模式"→"CMYK 颜色"命令，将图像转换为 CMYK 模式。注意，如果一开始就使用 CMYK 模式，在更改图层的混合模式的时候可能得不到这样的效果，最终效果如图 9-1-44 所示。

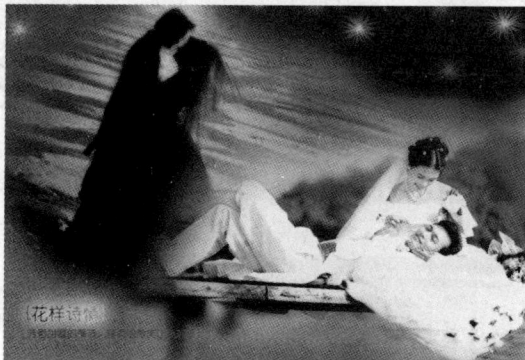

图 9-1-44 最终效果

【平面相册实例三】

制作步骤如下：

(1) 新建一个空白的文件，在弹出的对话框中，参数设置如图 9-1-45 所示。宽度为 6 英寸，高度为 4 英寸，分辨率为 300 像素/英寸。导入如图 9-1-46 所示素材一。

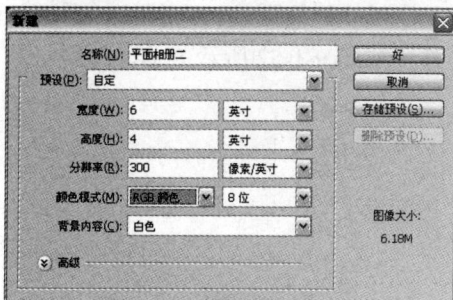

图 9-1-45 "新建"对话框

图 9-1-46 导入素材一

(2) 对绿叶素材层执行"滤镜"→"模糊"→"动感模糊"命令，弹出如图 9-1-47 所示对话框，设置角度为 28 度，距离为 283 像素，得到如图 9-1-48 所示效果。

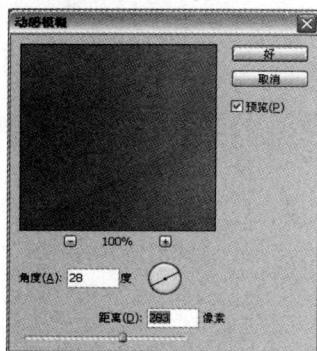

图 9-1-47 "动感模糊"对话框

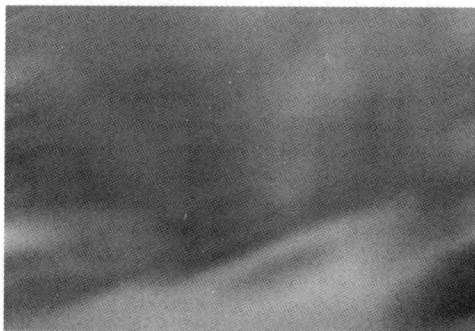

图 9-1-48 动感模糊效果

(3) 导入如图 9-1-49 所示素材二，给图层添加图层蒙版，如图 9-1-50 所示。使用画笔工具，选择画笔颜色为黑色，在蒙版上涂抹，得到如图 9-1-51 所示效果。

图 9-1-49　导入素材二

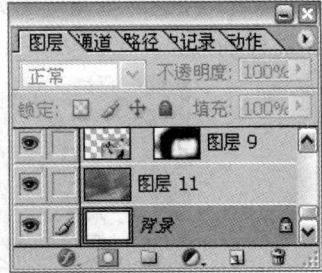

图 9-1-50　添加并编辑图层蒙版

图 9-1-51　编辑蒙版后效果

(4) 在工具箱中选择画笔工具，单击"点按可打开'画笔预设'选取器"下拉小三角形，在弹出的对话框中点击右边的小三角图标，弹出如图 9-1-52 所示菜单。

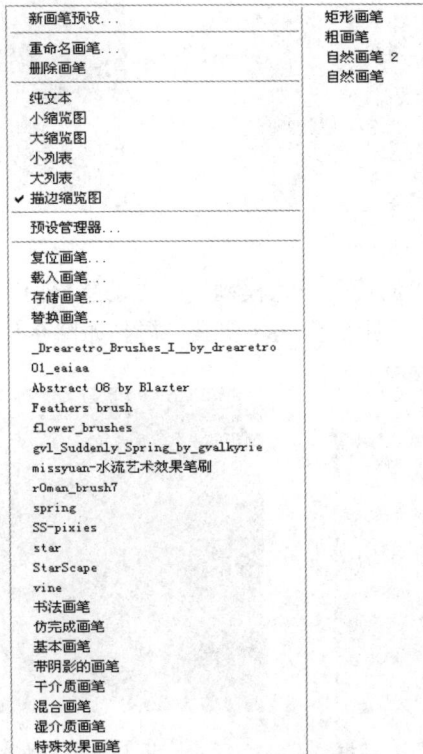

图 9-1-52　画笔选项菜单

(5) 在图 9-1-52 所示的菜单中，选择【载入画笔】，然后将文件夹中的"spring.abr"文件载入，此时在画笔形状中就有刚刚载入的画笔样式，如图 9-1-53 所示。选择合适的画笔，编辑其形状和大小，在新建的图层上面绘制如图 9-1-54 所示图形，并给此图层添加发光样式。

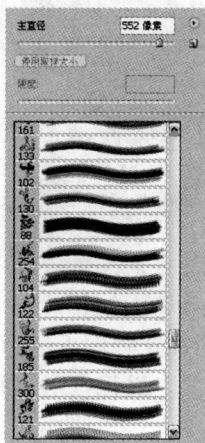

图 9-1-53 画笔预设选取器　　　　图 9-1-54 使用画笔绘制图形

(6) 同样的原理，在不同的图层选择不同的画笔样式进行绘制，效果如图 9-1-55 所示。之后再导入三幅素材。

图 9-1-55 使用不同的画笔样式绘制图形

(7) 对导入的素材进行自由变换，改变其大小与位置，并适当添加蒙版，效果如图 9-1-56 所示。

图 9-1-56 添加素材并编辑

(8) 选择多边形工具,在工具选项栏中设置如图 9-1-57 所示参数,新建一层,在画面上绘制星星,并适当调整不透明度,效果如图 9-1-58 所示。

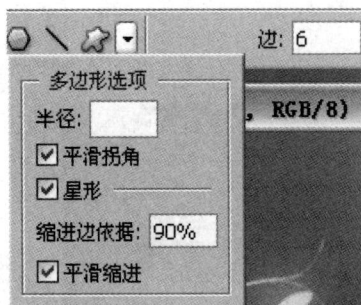

图 9-1-57   多边形工具参数设置

图 9-1-58   使用多边形工具绘制图形

(9) 选择钢笔工具,在图中绘制如图 9-1-59 所示路径,然后在路径面板选择"使用画笔描边路径",如图 9-1-60 所示。选择画笔工具,在路径形成的线条上进行点缀,如图 9-1-61 所示。

图 9-1-59   使用钢笔工具绘制路径

图 9-1-60   路径面板

图 9-1-61   使用画笔绘制图形

(10) 使用文字工具对画面进行点缀,最终效果如图 9-1-62 所示。

图 9-1-62 最终效果

9.2 静态网页设计

9.2.1 静态网页基础知识

1. 静态页面

静态页面设计不包含在服务器端运行的任何脚本,其内容形式固定不变。静态网页设计就是利用静态网页中所包含的元素,对网页进行美化处理,力求使网页界面美观舒适,为网页所承载的内容提供一个良好的展示环境,达到最好的展示效果。

静态网页在公共网站、政府网站中的使用最为广泛。

2. 网页界面的组成部分

(1) Logo 标记:Logo 标记是站点特色和内涵的集中体现,看到 Logo 就可联想起站点。Logo 的设计创意来自网站的名称、内容。一个成功的 Logo 标记可以提升企业形象,提高站点知名度,如:

搜狐: 新浪: 百度:

同样有些网站不设计 Logo 标记。

(2) 导航条:供访问者在各网页间导航的作用,具有交互性。

(3) 横幅(Banner):可以是动态或静态的,起着广告宣传作用。Banner 的设计首要目的是吸引浏览者目光,引起浏览者浏览网页的欲望,其次是展示信息。因而 Banner 的设计无论从构图到色彩,从表现形式到文字的运用,都需要一定的技巧。

(4) 文字:包括链接文字和信息文字,文字是网页的重要组成部分,是信息量的重要载体,正确的设置文字字体、字号、颜色,不仅关系到网页的美观,还对阅览及信息的表达有直接的影响。

(5) 图形图像：网页中图形图像的运用除了传递信息外，还能提高网页的阅读性，增强网页美感。图形图像可运用到背景、按钮等网页元素中。

3. 网页的几种布局形式

(1)"国"形布局：网页布局呈"国"字形，是一些大型网站所喜欢的类型，上面是网站的标题以及横幅广告条，接下来就是网站的主要内容，左右分列两小条内容，中间是主要部分，最下面是网站的基本信息、联系方式、版权声明等。

(2)"厂"形布局：网页上面是标题及广告横幅，接下来左(右)侧是一窄列导航链接，右(左)列是很宽的正文，下面可以有一些网站的辅助信息。

(3)"工"形布局："工"形网页布局与"厂"形布局类似，上面是标题及广告横幅，下面是左右等宽的正文区，最下面是网站的一些基本信息、联系方式和版权声明等。

9.2.2 静态网页设计案例

网站首页设计效果如图 9-2-1 所示。

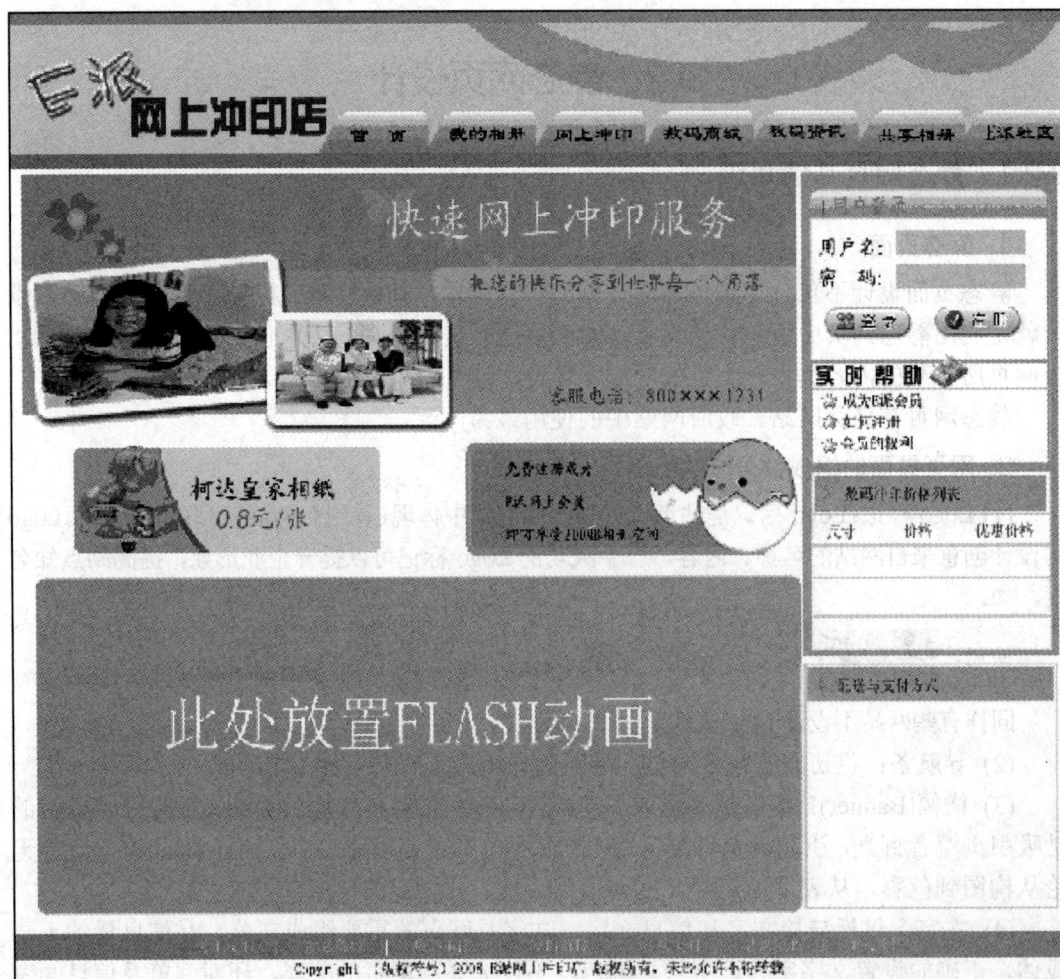

图 9-2-1 网站首页设计效果图

1. 首页界面制作

操作步骤如下：

【步骤 1】新建 Photoshop 图像文件，参数设置如图 9-2-2 所示。

图 9-2-2 新建文件

【步骤 2】在页面设计中将有很多图层产生，为了快速找到每个对象所在的图层，除了将图层重命名外，很重要的工作就是给图层分组，然后根据图层对象在网页中的位置，将系列图层放到相应组中。在图层面板点击"创建新组"按钮，给新组命名为"top"，在页面设计中，将所有网页头部所用图层全部放置在该组中。在"top"组下创建新图层，重命名为"bg"，在图像窗口中用矩形选框工具绘制出一个矩形，将前景色设置为"R：235，G：255，B：204，H：84°，S：20%，B：100%"，按组合键<Alt + Delete>给选区着前景色。

【步骤 3】新建图层，重命名为"line1"，前景色颜色设置为"R：152，G：203，B：0，H：75°，S：100%，B：80%"，选择矩形选框工具，在图像窗口顶部创建一个细长的矩形选区，按组合键<Alt+Delete>给选区着前景色。效果如图 9-2-3 所示。

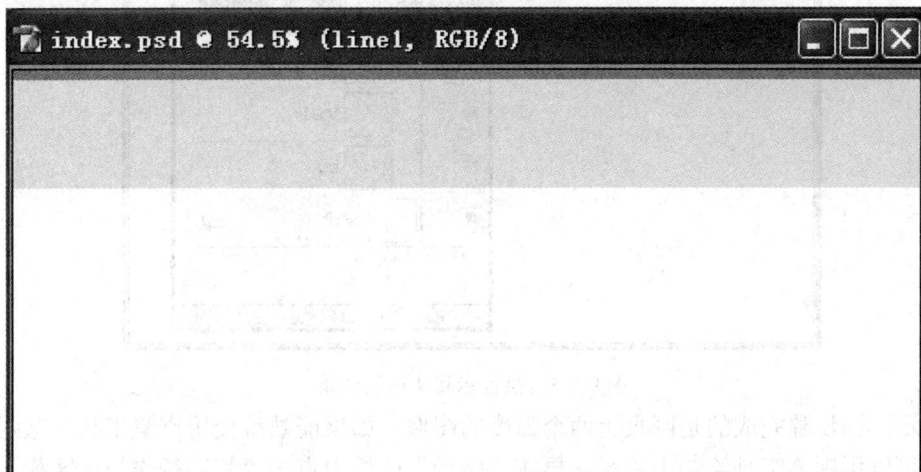

图 9-2-3 执行步骤 2、3 后的效果

【步骤 4】新增图层，重命名为"line2"，在图层 line2 中，运用椭圆选框工具绘制出一个椭圆，同时点击椭圆选框工具选项栏的"从选区减去"按钮，在刚才绘制的椭圆内绘制出第二个椭圆，如图 9-2-4 所示。按组合键<Alt+Delete>给选区着前景色，移动图层 line2 中的圆圈到网页上部。按组合键<Ctrl+J>复制图层 line2，产生 line2 副本。在 line2 副本图层中，按组合键<Ctrl+T>将椭圆对象进行改变，并移动对象到网页的上部。在图层面板中调整图层 line2 和 line2 副本层的不透明度为 32%。效果如图 9-2-5 所示。

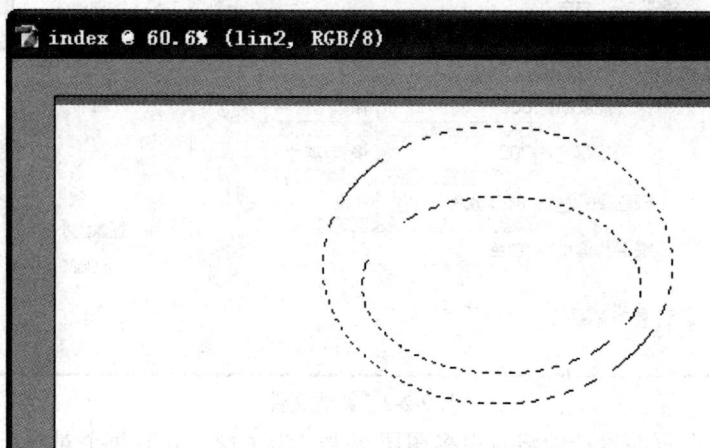

图 9-2-4　两个椭圆选区产生的效果

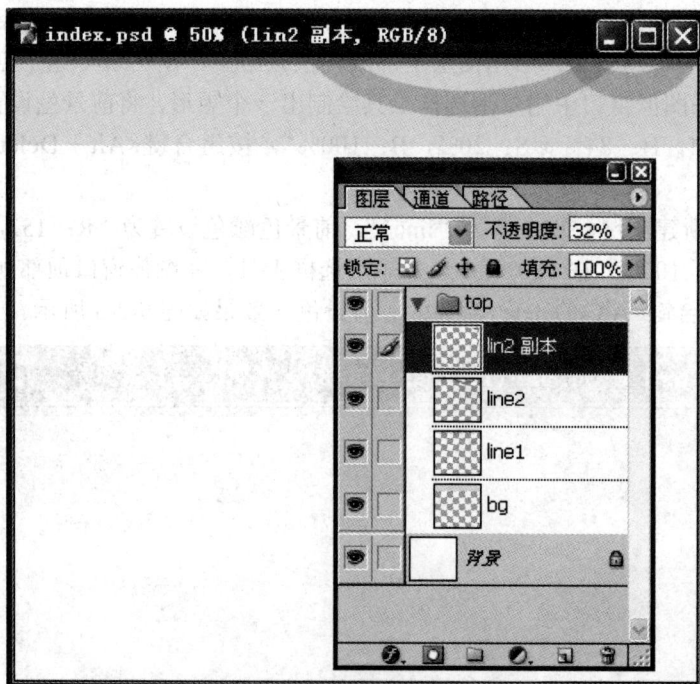

图 9-2-5　执行步骤 4 后的效果

提示：该步骤完成的是网页上两个弧度的图像，如果能熟练使用钢笔工具，这两个弧度完全可以用钢笔工具绘制出路径，再在"路径"面板中点击"将路径作为选区载入"按钮，将路径形成选区，然后给选区着色即可。

【步骤 5】选择文本工具，设置文字字体、字号和颜色，这里将字体选择为"华康少
女文字"，字号为 12，颜色为"#ff0000"，在字符面板中设置 **T** 为 120%， **AV** 为 20。在图
像窗口中输入"E 派"，按组合键<Ctrl+T>调整文本相对水平的角度，并用移动工具移动文
本到合适的位置，在文本图层添加图 9-2-6 和图 9-2-7 所示的图层样式，设置后的效果如图
9-2-8 所示。

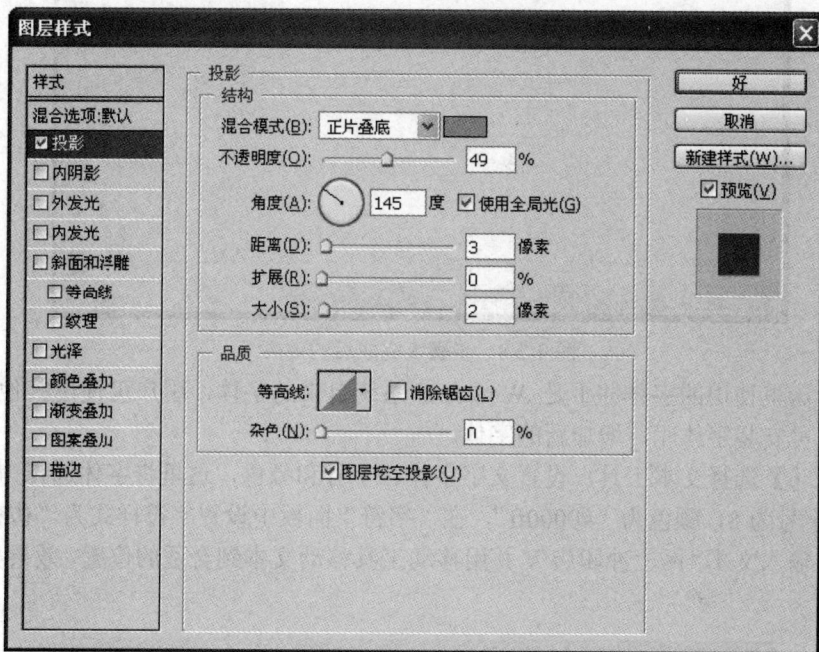

图 9-2-6 设置【投影】样式

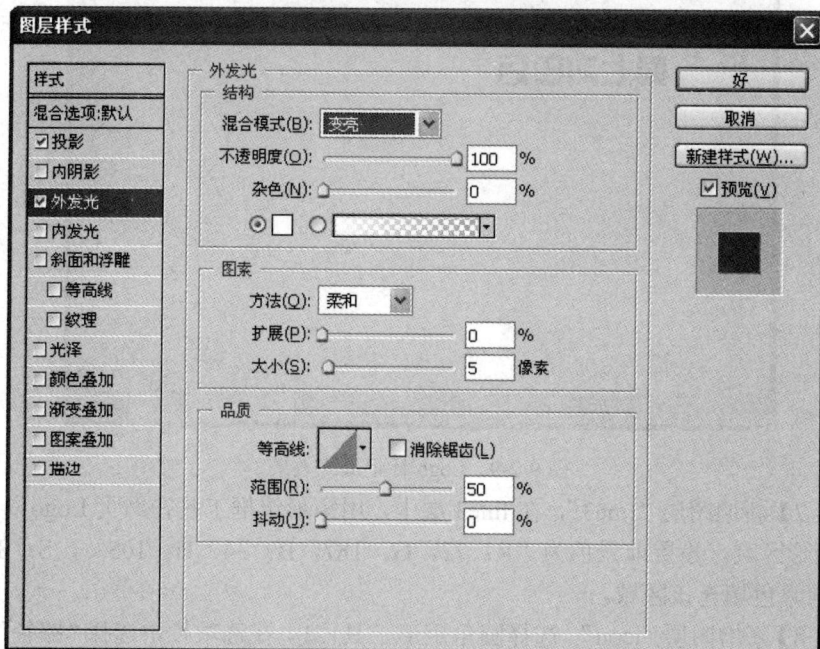

图 9-2-7 设置【外发光】样式(设置发光颜色为白色)

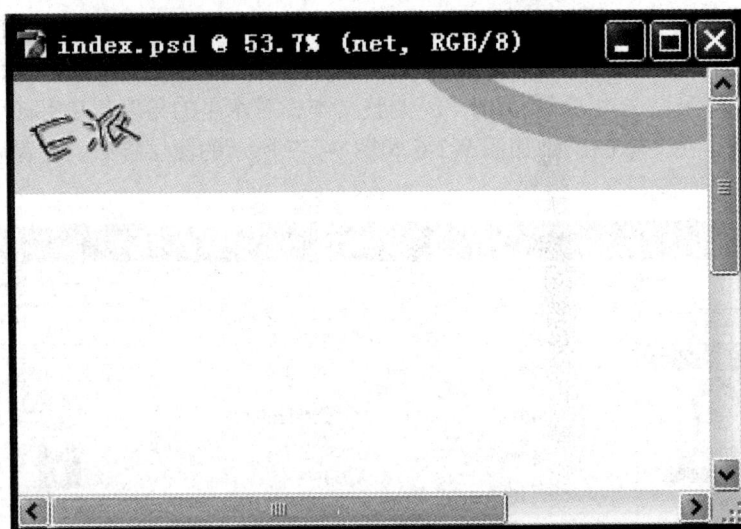

图 9-2-8　步骤 5 完成后的效果

提示：这里使用的字体并不是 Windows 系统自带的字体，用户可使用其他的字体代替，同样也可安装字体库，增加新的字体。

【步骤 6】选择文本工具，设置文字字体、字号和颜色，这里将字体选择为"经典综艺体简"，字号为 8，颜色为"#0000ff"，在"字符"面板中设置字符样式为"仿粗体"。在图像窗口中输入文本"网上冲印店"，并用移动工具移动文本到合适的位置。效果如图 9-2-9 所示。

图 9-2-9　Logo 标记最终效果

【步骤 7】新增图层"line3"，在 line3 层中，用矩形选框工具在网页 Logo 标记下绘制出细长条矩形区域，设置前景色为"R：72，G：187，B：34，H：105°，S：82%，B：73%"，用前景色填充该区域。

【步骤 8】新增图层"icon"，选择圆角矩形工具 ，在选项栏中选择"路径"按钮 ，半径设为 8 px，在网页 Logo 标记旁绘制出一个椭圆矩形闭合路径 ，用直接选择工具

调整路径为 [图标] ，打开路径面板，在面板中点击"将路径作为选取载入"按钮 [图标] ，这时刚才绘制的路径将转换为选区 [图标] 。设置前景色为"R：152，G：203，B：0，H：75°，S：100%，B：80%"，背景色为白色，选择"渐变工具"，在工具栏中选择颜色渐变模式为"前景到背景"，渐变模式为"对称渐变"，用渐变工具在刚才产生的选区中从下往上拖动鼠标给该区域填充渐变颜色。按组合键<Ctrl＋T>对该区域进行调整。效果如图9-2-10所示。

图 9-2-10　执行步骤7、步骤8得到的效果

　　【步骤9】按住<Alt>键，用鼠标左键点击【步骤8】中产生的图像，当鼠标出现黑白重叠的双箭头时拖动图像，即产生一个该图像的副本，同时图层面板中出现"icon 副本"层。用同样的方法复制出六个这样的图像，排列好这些图像，得到如图9-2-11所示的效果。此时可以看到图层面板如图9-2-12所示。选择"icon 副本6"图层，执行"图层"→"向下合并"命令，将"icon 副本6"与"icon 副本5"图层合并，用同样的方法依次将上一图层与下一图层合并，最后将所有的 icon 层合并成一层，如图9-2-13所示。

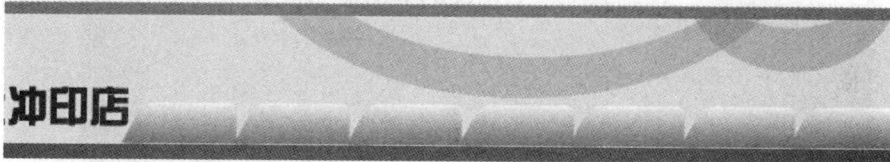

图 9-2-11　排列后效果

图 9-2-12　图层合并前　　　　　　　　　　　图 9-2-13　图层合并后

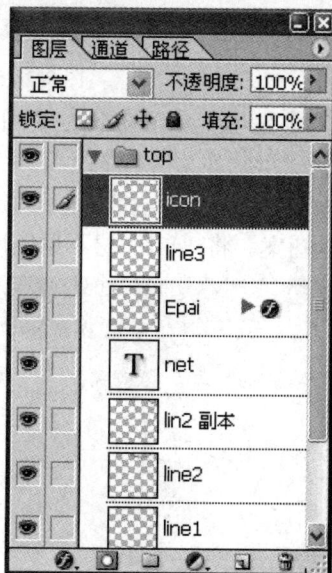

【步骤 10】选择文本工具，设置字体为"隶书"，颜色为"#000000"，字号为"4 点"，分别在按钮图像上输入"首页"、"我的相册"、"网上冲印"、"数码商城"、"数码资讯"、"共享相册"、"E 派社区"，并用移动工具调整文本位置，这样一个网页的导航就完成了。效果如图 9-2-14 所示。

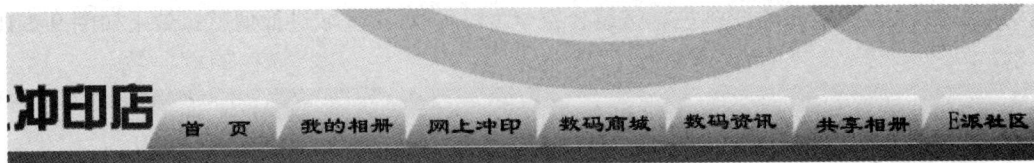

图 9-2-14　添加、调整文本后效果

【步骤 11】新增一个组，命名为"top-left"，在"top-left"组中新增图层"bg"，在"bg"图层中，用选框工具绘制出一个矩形选区，将前景色设置为"R：152，G：203，B：0，H：75°，S：100%，B：80%"，背景色设置为"R：226，G：238，B：138，H：67°，S：42%，B：93%"。选择渐变工具，在工具栏中选择颜色渐变模式为"前景到背景"，渐变模式为"线性渐变"，用渐变工具在矩形选区中从上往下拖动鼠标给该区域填充渐变颜色。效果如图 9-2-15 所示。

图 9-2-15　渐变填充后效果

【步骤 12】新增一层，命名为"bfl"，选择形状工具，在选项栏中点击"填充像素"按钮，选择"形状"为 形状：🦋 蝴蝶，设置前景色为"R：187，G：220，B：66，H：73°，S：70%，B：86%"。用设置好的形状工具在上一步完成的矩形图像上绘制大小、位置不同的蝴蝶图案。将"bfl"层不透明度设置为 42%，效果如图 9-2-16 所示。

图 9-2-16　绘制蝴蝶后效果

【步骤 13】新增一层，命名为"leaf"，选择"形状工具"，设置与上一步骤相同，只将"形状"选择为 形状: ♣ ▾ 三叶草，用该工具在矩形区域上部绘制出一颗三叶草。按<Ctrl>键点击图层面板中的"leaf"图层，在图像窗口便显示三叶草图形选区。选择渐变工具，设置前景色为"R：250，G：230，B：80，H：53°，S：68%，B：98%"，背景色设置为"R：212，G：142，B：9，H：39°，S：96%，B：83%"，在"渐变工具"选项栏中设置颜色渐变模式为"前景到背景"，渐变模式为"径向渐变"，从三叶草选区的中心往边缘拉动鼠标，给选区填充径向渐变颜色，取消选择。复制"leaf"图层，用自由变换命令调整三叶草的大小和相对水平线的角度，调整后效果如图 9-2-17 所示。

图 9-2-17 最后调整效果

【步骤 14】选择文本工具，设置字体为"楷体"、字号为"9 点"、颜色为"白色"，在矩形区域上输入文本"快速网上冲印服务"。

【步骤 15】新增图层"shade1"，选择圆角矩形工具，设置前景色为"#E2EE89"，绘制圆角矩形图案。新增图层"shade2"，将前景色设置为"#E2EE89"，绘制另一个圆角矩形图案。

【步骤 16】选择文本工具，设置字体为"楷体"、字号为"4 点"、颜色为"#FD3A57"，在圆角矩形区域上输入文本"把您的快乐分享到世界每一个角落"。

【步骤 17】选择文本工具，设置字体为"楷体"、字号为"4 点"、颜色为"#0666DD"，在矩形图像的右下角输入"客服电话：800×××1234"，调整【步骤 14】～【步骤 17】制作的对象，调整后的效果如图 9-2-18 所示。

图 9-2-18 调整后效果

【步骤 18】新增图层，命名为"pics1"，选择圆角矩形工具，设置前景色为白色，用该工具在矩形方框左下角部位绘制圆角矩形图形。给"pics1"图层添加投影图层样式，样式设置对话框如图 9-2-19 所示。

【步骤 19】新增图层，命名为"pics2"，参考【步骤 18】在刚绘制的圆角矩形旁绘制另一个圆角矩形。添加参数设置相同的投影图层样式。调整两个圆角矩形的大小和位置，调整后效果如图 9-2-20 所示。

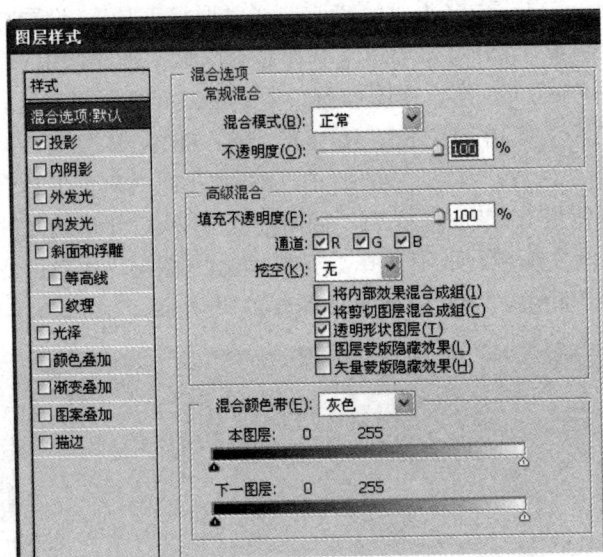

图 9-2-19　投影图层样式设置

图 9-2-20　圆角矩形调整后效果

【步骤 20】新增图层"pics3"，选择圆角矩形工具，设置前景色颜色"#EBEBEB"，在矩形方框下面绘制圆角矩形图形。

【步骤 21】选择文本工具，字体设置为"楷体"、字号为"5 点"，设置文字颜色为黑色，输入文本"柯达皇家相纸"。再次使用文本工具，将文字颜色设置为"#FC5655"，输入文本"0.8 元/张"。效果如图 9-2-21 所示。

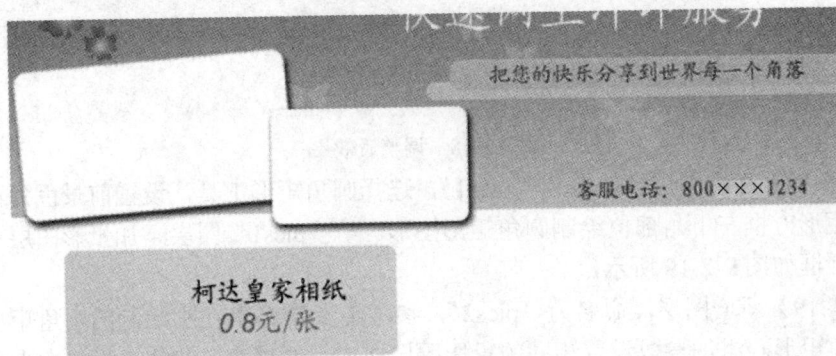

图 9-2-21　文本设置后效果

【步骤 22】新增图层"pics4"，激活该图层，同时按住<Ctrl>键点击"pics3"图层，显示选区后，将前景色设置为"#FC5655"，用前景色对该区域进行填充。注意，红色的圆角矩形在图层"pics4"上。效果如图 9-2-22 所示。

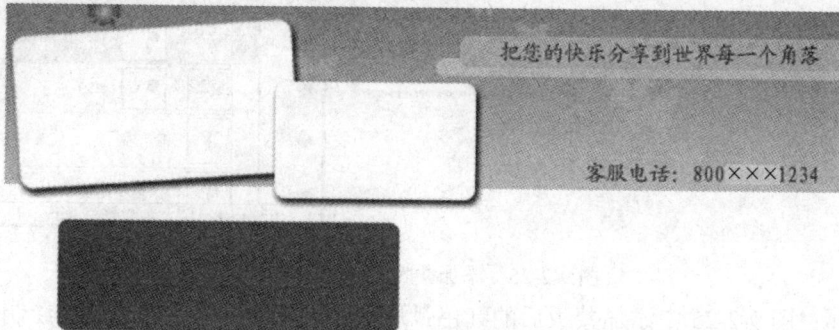

图 9-2-22　填充后效果

【步骤 23】激活图层"pics4"，点击图层面板下的"添加矢量蒙版"按钮 给图层添加蒙版。在蒙版上添加如图 9-2-23 所示选区，给选区填充黑色，产生蒙版效果，效果如图 9-2-24 所示。

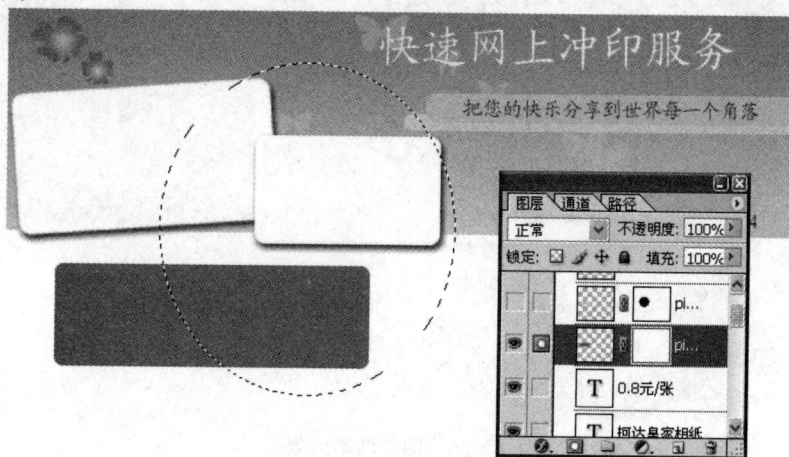

图 9-2-23　添加选区

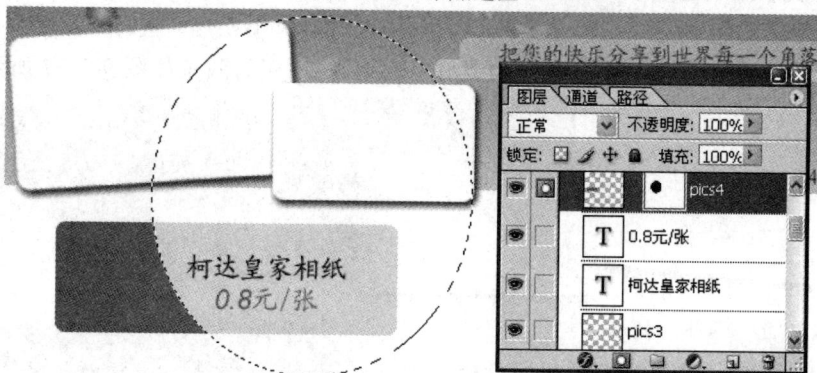

图 9-2-24　添加蒙版后的图像效果

【步骤 24】 用【步骤 22】、【步骤 23】的方法，在图层"pics4"上新建图层"pics5"，绘制圆角矩形，填充颜色为"#F3FE0E"，添加蒙版后的效果如图 9-2-25 所示。

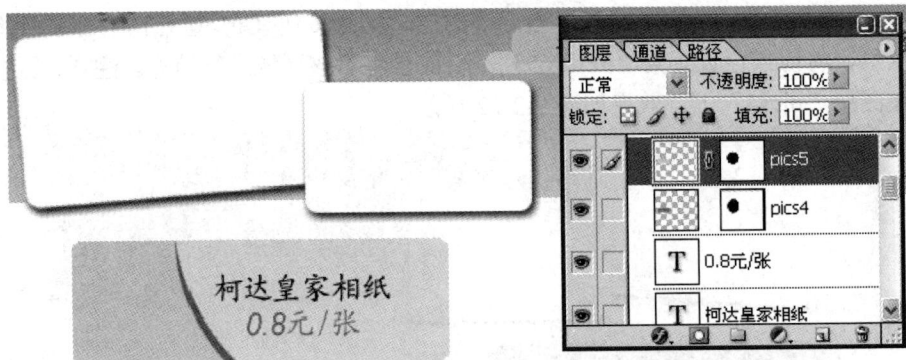

图 9-2-25　添加蒙版后的图像效果

小提示：图 9-2-25 中添加蒙版后的红色弧形小区域，还可以用钢笔工具绘制出闭合路径，再将路径作为选区载入，对选区进行颜色填充。

【步骤 25】打开"child.jpg"图像文件，将图像中的"小孩"图片用移动工具移动到网页图像文件中。调整大小和位置后效果如图 9-2-26 所示。

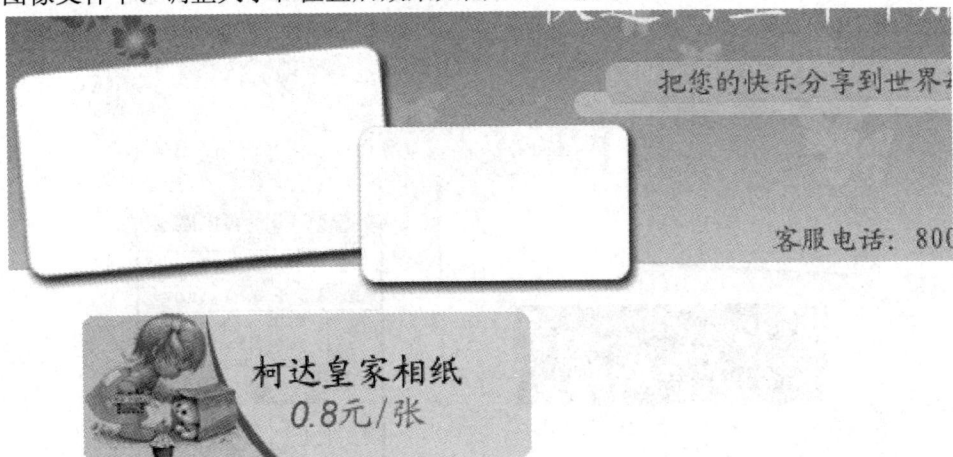

图 9-2-26　图像调整后效果

【步骤 26】新增图层"pics6"，设置前景色为"#9ACC04"，用圆角矩形工具在刚才绘制的圆角矩形右边绘制另一个圆角矩形，大小与左边的大小相当。执行"编辑"→"描边"命令，设置描边宽度为 5 像素，颜色为"#F3FE0E"。填充后效果如图 9-2-27 所示。

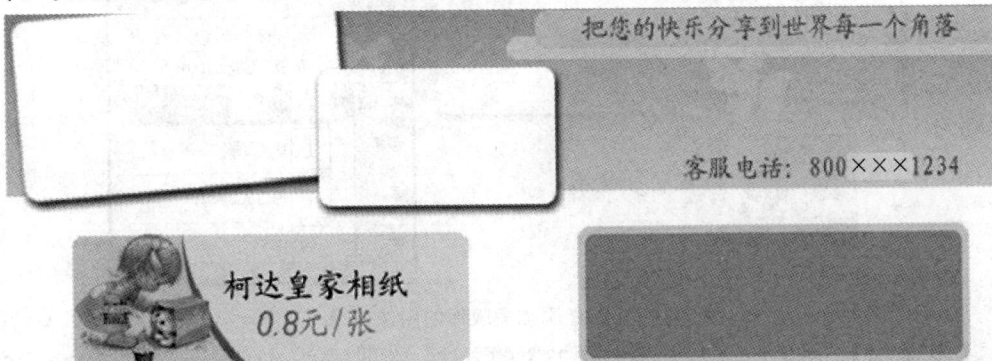

图 9-2-27　描边后效果

【步骤 27】打开"egg.jpg"图像文件，用磁性套索工具沿图像文件中的"小鸡和鸡蛋"图案绘制出选区，产生闭合选区后用移动工具将图案移动到网页图像文件，添加文本。最后效果如图 9-2-28 所示。

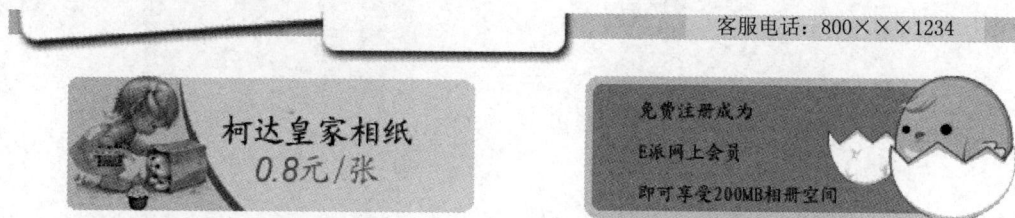

图 9-2-28　添加图案后的效果

【步骤 28】创建新组"center"，在该组下添加图层"flash"，设置前景色为淡黄色（"#E1EE89"），背景色为淡绿色（"#C1DE4D"）。选择圆角矩形工具，拖动鼠标绘制一个圆角矩形的路径，然后按<Ctrl＋Enter>键将路径转换为选区，接着利用渐变工具从上到下填充前景到背景的线性渐变，效果如图 9-2-29 所示。

图 9-2-29　填充渐变后的圆角矩形

【步骤 29】创建新组"vip"，在该组下添加图层"bg"，在网页界面右边绘制渐变填充的矩形方框，方法和颜色设置与【步骤 28】相同。效果如图 9-2-30 所示。

【步骤 30】在矩形方框中添加灰色线框，同时在顶部绘制圆角矩形路径，将路径转换为选区后，按网页导航按钮的填充颜色和填充方式对其填充，并在圆角矩形上输入文本"| 用户登录"，文本颜色设置为绿色"#48BB22"，设置后效果如图 9-2-31 所示。

【步骤 31】添加新的图层，在新的图层中绘制前景色为白色的两个矩形，并在上一个白色矩形中制作登录的模拟界面，下一个矩形放置实时帮助信息。进行相应的设置后，效果如图 9-2-32 所示。

【步骤 32】绘制第三个白色矩形，并在其上绘制小的淡绿色"#DBEB7D"矩形，绘制灰色线条作为表格的边线，在其上输入文本"尺寸"、"价格"、"优惠价格"，文本颜色可设置为红色"#EB0705"。效果如图 9-2-33 所示。

图 9-2-30　矩形方框填充后效果

图 9-2-31　线框与文本设置后效果

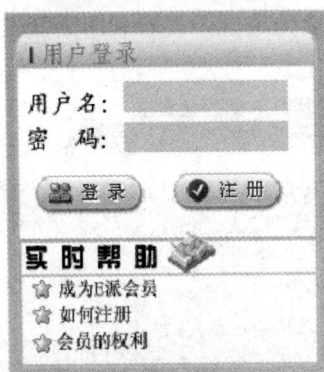

图 9-2-32　登录界面设计

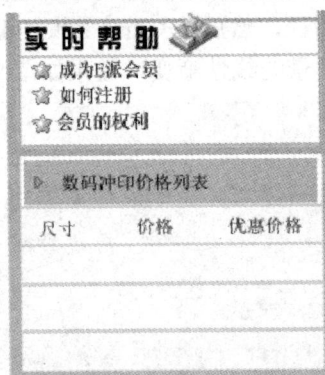

图 9-2-33　第三个白色矩形

【步骤33】在第三个白色矩形下方绘制灰色线框,线框绘制可用矩形工具绘制出路径,再按<Ctrl + Enter>键将路径转换为选区,用"编辑"→"描边"命令给选区描 1 像素灰色"#EBEBEB"的边线。在线框中绘制淡绿色"#DBEB7D"矩形,输入黑色文本"配送与支付方式"。效果如图 9-2-34 所示。

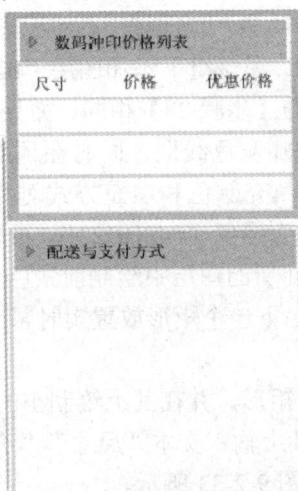

图 9-2-34　配送框的设置

【步骤34】创建新组"btm"，将显示网页底部信息的图层全部放在该组中，用矩形工具绘制颜色为"#9ACC04"的矩形，再用文本工具设置文字字体为"宋体"、字号为"3点"、颜色为白色，输入文本信息。增加一层，在输入后的文本信息间用直线工具绘制白色的短线。效果如图9-2-35所示。

图9-2-35　矩形颜色与添加文本、直线后效果

【步骤35】最后在刚绘制后的绿色矩形条下添加网页的版权等其他信息，这样一张网页的主页就基本完成了，最后可针对自己的设计做稍许的修改和修饰。最终效果如图9-2-36所示。

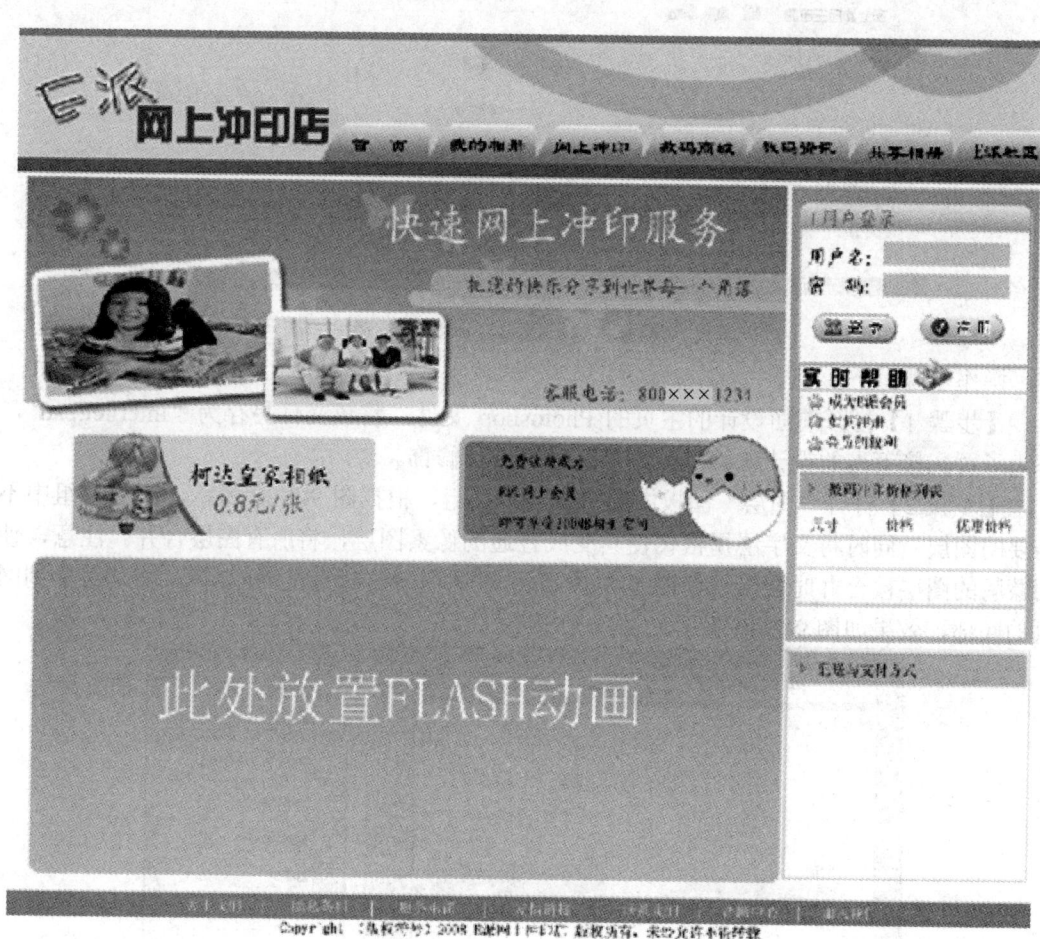

图9-2-36　最终效果

2. 网页子页设计

这是一个商务网站，商务网站的特点之一就是网页间的风格基本一致。因而可以在主页设计的基础上适当做些修改设计出"网上冲印"的子页。效果如图9-2-37所示。

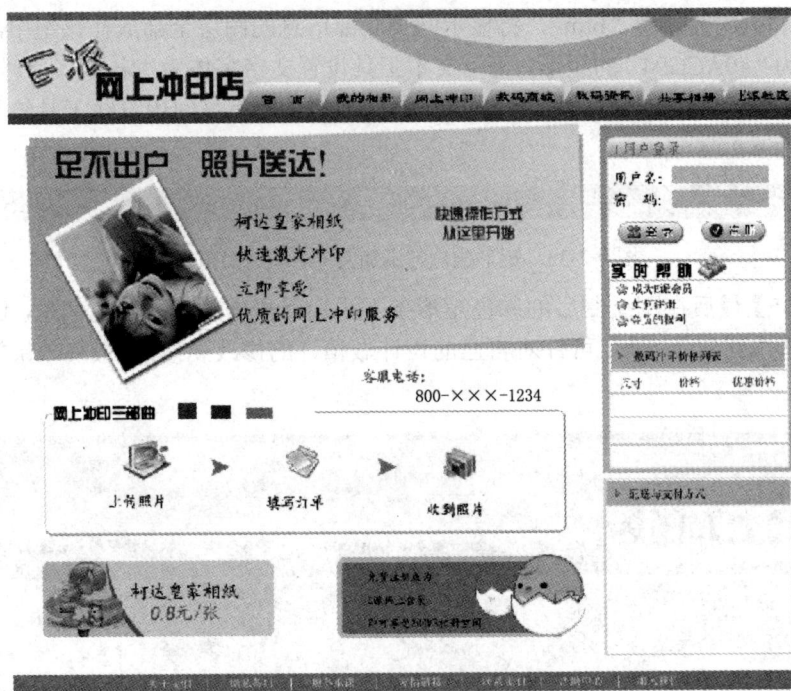

图 9-2-37　最终设计效果

操作步骤：

【步骤 1】打开前面设计的主页的 Photoshop 文件，将该文件另存为 "internet.psd"，作为子页。接下来的设计就可以在这个基础上进行修饰。

【步骤 2】打开 "图层" 面板中的 "top-left" 组，根据图 9-2-38 所示，删除该组中不需要的图层，同时将文字层栅格化使其变成普通的像素图层，将所有图层合并。注意，使用蒙版的图层被合并时会出现如图 9-2-39 所示对话框，这时点击 "应用"。移动对象到网页的底部，效果如图 9-2-40 所示。

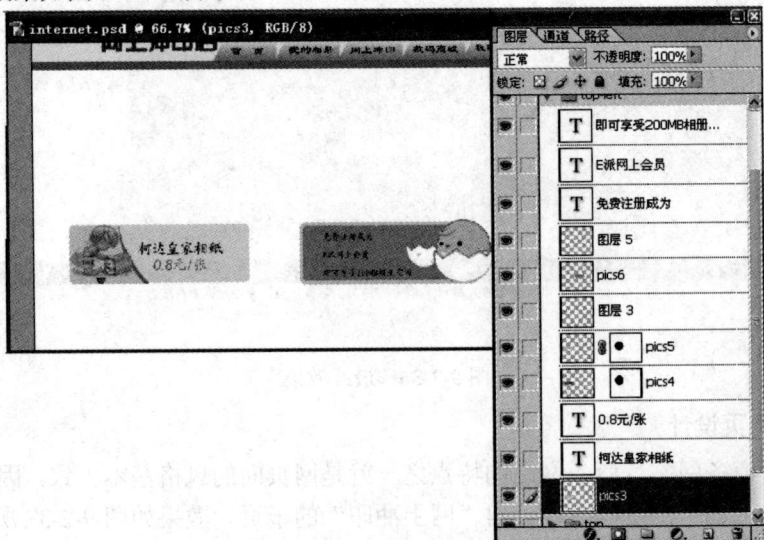

图 9-2-38　"top-left" 组中保留下的图层

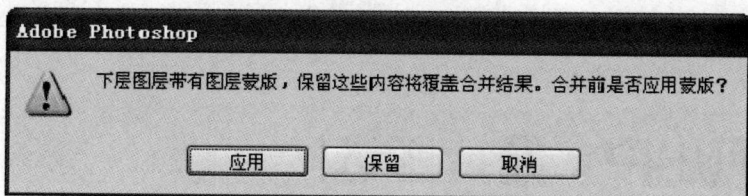

图 9-2-39　合并使用蒙版图层时出现的对话框

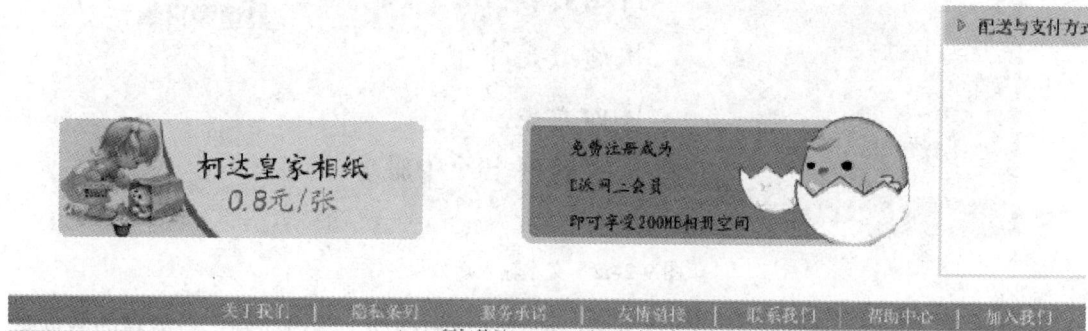

图 9-2-40　移动对象后看到的效果

【步骤 3】在"top-left"组中新增一层命名为"bg"，用矩形工具绘制一个矩形路径，将路径转换为选区后，给选区填充灰色"#D7D7D7"。再新增一层命名为"line"，在该层中用矩形工具绘制一个相同的矩形路径，将路径转换为选区。将前景色设置为"#FEE600"，背景色设置为"#FFFF88"，选择渐变工具给选区添加从前景色到背景色的线性渐变，添加渐变时从左上角拖动鼠标到右下角，调整图层 line 中的矩形的倾斜度，产生的效果如图 9-2-41 所示。

图 9-2-41　调整图层倾斜度产生的效果

【步骤 4】在矩形图案上输入文本，对文本进行设置后的效果如图 9-2-42 所示。其中文本"足不……送达！"字体设置为"经典综艺体简"，字号为"8 点"，文字颜色为"#0757EC"；文本"柯达皇家……冲印服务"字体设置为"楷体"，字号为"5 点"，颜色为黑色；文本

"快速操作……这里开始"字体设置为"经典综艺体简",字号为"4 点",文字颜色为"#FE1F1D"。

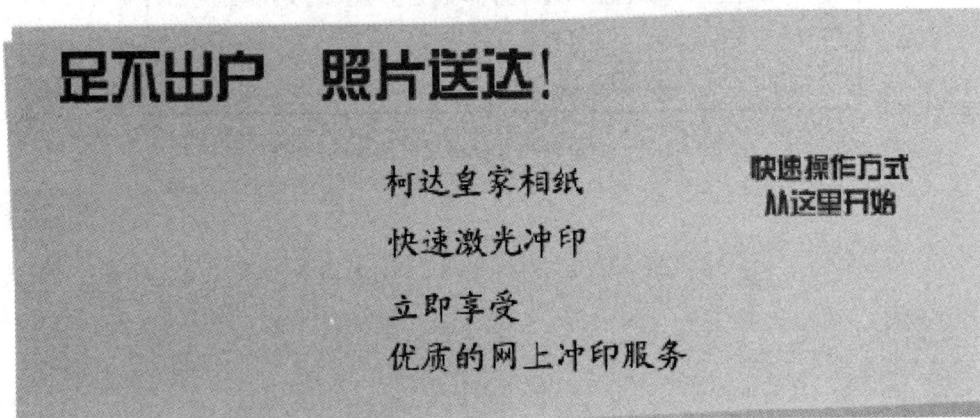

图 9-2-42　文本输入后效果

【步骤 5】添加图层，打开图像文件，将该图像用移动工具拖动到正在编辑的网页图像文件中，调整大小并将其旋转适当的角度，给图案描宽度为"6"像素的白色边框，最后给图层添加投影图层样式，样式参数设置如图 9-2-43 所示，效果如图 9-2-44 所示。

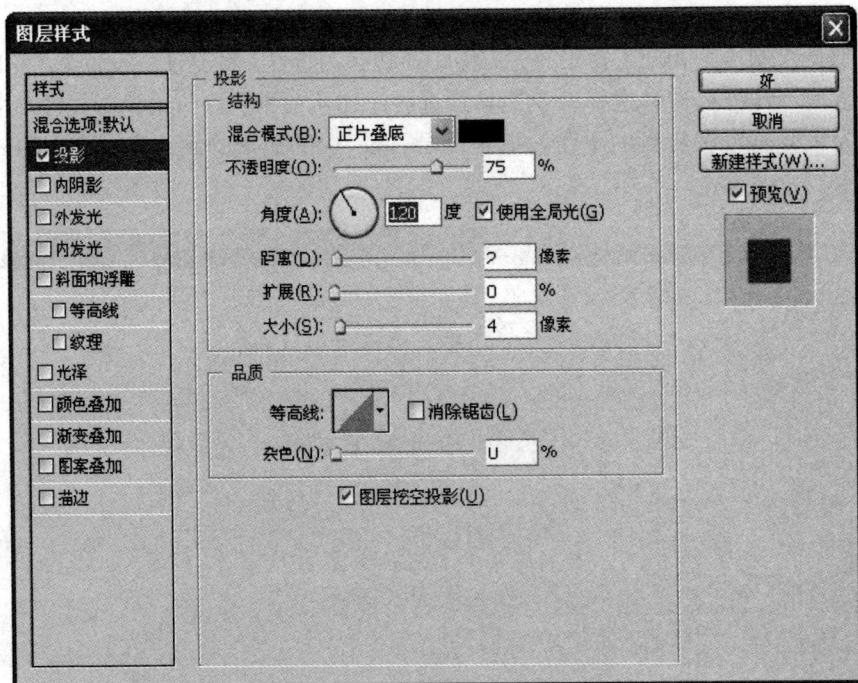

图 9-2-43　投影图层样式参数设置

【步骤 6】经过前面的练习完成如图 9-2-45 所示效果应该没问题。其中边线的颜色为绿色"#9ACC04"，文本颜色为黑色，文本"网上冲印三部曲"后的小图案颜色从左往右分别为"#FE06F8"、"#FE0E3D"、"#9ACC04"。小箭头的颜色为"#9ACC04"。

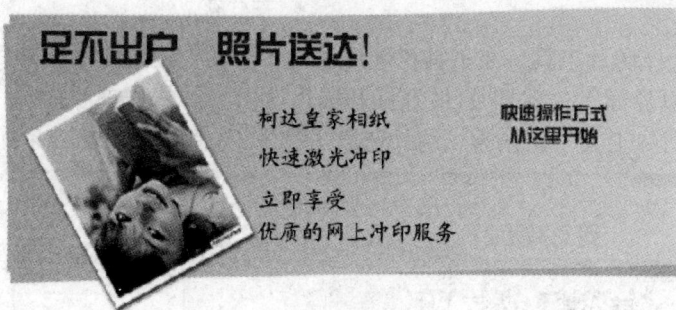

图 9-2-44 添加图层样式后的效果

图 9-2-45 效果图

【步骤 7】对编辑好的页面进行最后的调整和修饰，最终效果如图 9-2-46 所示。

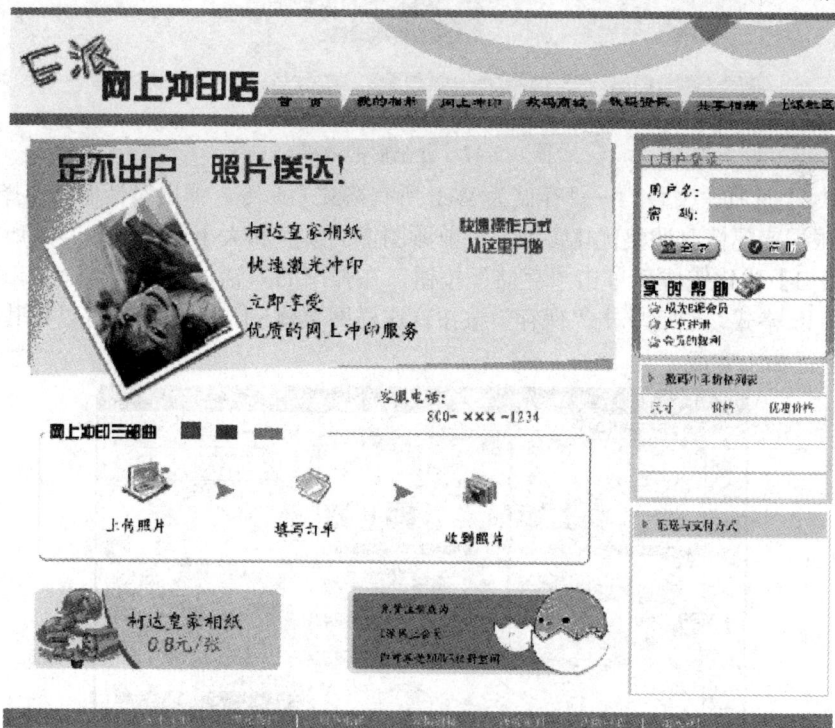

图 9-2-46 网上冲印店页面最终效果

3. 将完成好的网页界面分割并存储成网页格式

将完成好的网页界面分割成多个较小的切片，每一个切片在存储时会存储成为独立的文件。这样在用户访问该网页文件时，访问速度可以得到很大的提高。

操作步骤:

【步骤1】选择切片工具,在工具栏选项里将"样式"设置为"正常",然后用切片工具在完成好的网页界面上创建切片(最好打开标尺拉出参考线作参照)。如果要改变切片的大小,可以将"切片工具"切换为"切片选取工具"。分割完成后的效果如图 9-2-47 所示。

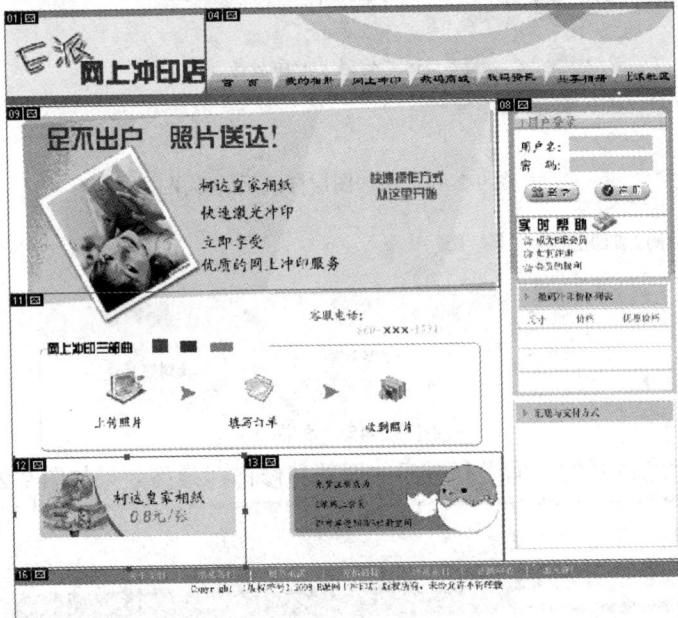

图 9-2-47　分割后的效果

【步骤2】选择"文件"→"存储为 Web 所有格式"命令,弹出对话框,选择"四联优化方式"。根据实际情况调整优化参数,并兼顾图像的质量和大小,如图 9-2-48 所示。

【步骤 3】优化完成后单击"存储"按钮,在弹出的对话框中将文件命名,格式选择默认的 HTML 格式,然后单击"保存"按钮。这样网页就制作完成了,可以在其他网页制作软件中进行加工完成。

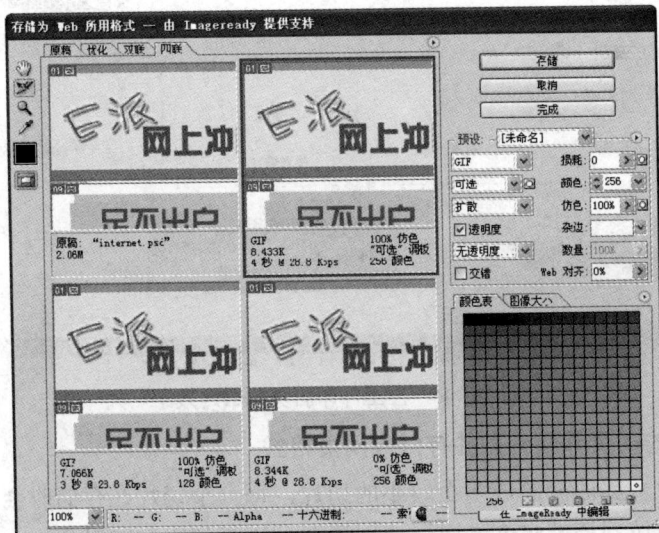

图 9-2-48　四联优化图像

参 考 文 献

[1] 沈道云，杨庆，邹新裕. Photoshop 案例教程. 北京：北京大学出版社，2010.

[2] 刘本军，石亚军. Photoshop CS4 图像处理案例教程. 北京：机械工业出版社，2012.

[3] 张雪丽，刘韬，杨福盛. Photoshop CS6 项目化教程. 北京：中国传媒大学出版社，2015.

[4] 王树琴，李平. Photoshop CS5 平面设计实例教程. 北京：人民邮电出版社，2013.

[5] 田华，肖川. Photoshop CC 案例教程. 北京：北京理工大学出版社，2017.